AF405878

LE CHANGEMENT CLIMATIQUE EN CÔTE D'IVOIRE

Béh Ibrahim DIOMANDE

Title: **LE CHANGEMENT CLIMATIQUE EN CÔTE D'IVOIRE**

ISBN: 979-8-89248-168-7

Author: Béh Ibrahim DIOMANDE

Cover image: https://pixabay.com/

Publisher: Generis Publishing
Online orders: www.generis-publishing.com
Contact email: info@generis-publishing.com

Avant-Propos

La climatologie m'est apparue comme une science imposée par la nature. Déjà dans la tendre enfance, j'étais sensible à la tombée d'une pluie dans le village. Avec les enfants de mon âge, nous parcourrions tout le village, nus pour manifester notre joie et remercier le Tout Puissant de nous avoir gratifié de ce don céleste. Les animaux domestiques restaient, quant à eux, aux côtés des murs des cases aux toits entièrement recouverts de paille. Les parents, tous paysans restés à la maison, n'arrivaient pas à exprimer leur joie qui, pourtant se lisait sur leur visage. En effet, dans nos pays à agriculture sous pluie, la bonne campagne agricole se mesure à l'aune des totaux pluviométriques reçues au cours d'une année civile.

Faire cependant la climatologie aura été une entreprise difficile à réaliser. En effet, après mon mémoire de maîtrise difficilement soutenu d'ailleurs en juillet 2002 à l'université de Bouaké. J'ai été invité, à l'instar de mes camarades qui avaient soutenu, à cette époque leur mémoire de maîtrise en géographie, à se rendre à l'université de Cocody pour poursuivre leurs études de DEA (diplôme d'Etudes Approfondies). Une fois à Cocody, mes ambitions de climatologue ont très vite été court-circuitées. Dans cette université d'accueil d'alors, au département de géographie, l'on manquait de professeur de rang magistral en géographie physique et encore moins en climatologie pour mon encadrement. Il m'a ainsi été recommandé de quitter la Côte d'Ivoire si je devrais poursuivre mes ambitions de climatologue. Face à cette décision difficile pour mon devenir intellectuel et n'ayant pas de conseillers parmi les parents capables de s'impliquer dans mon choix, je restai pendant environ trois ans hors du campus (2002-2005) ; même si je prenais mes inscriptions administratives pour bénéficier des avantages des œuvres universitaires. Durant ce temps, je continuais à dispenser mon modeste savoir éducatif et intellectuel dans les lycées et collèges. Ainsi à Bouaké, j'ai été enseignant à la Maison de Bambi, au collège Henri Poincaré, à la Renaissance et à Esic-Afrique. La crise militaro-politique de septembre 2002 m'oblige à quitter la ville de Bouaké pour la ville côtière de San-Pédro où j'ai continué à dispenser des cours au collège Les Lutins (2002-2005).

Ma décision était irrévocable. Continuer les études supérieures en Climatologie et Hydrologie en rapport avec l'Environnement a été l'unique option choisie. Tout mon salut viendra en 2005 de l'université Cheikh Anta Diop à Dakar au Sénégal où j'ai été admis, sur étude de dossier à poursuivre mon troisième cycle universitaire. C'est l'occasion pour moi de remercier le peuple de la Téranger et particulièrement les Professeurs Saliou N'Diaye, ex-recteur de l'UCAD, Pascal

SAGNA, mon Maître, Diène DIONE, Mame DEMBA, Tahirou Amadou DIAW, Amadou SOW, etc. pour leur soutien infaillible. Sans eux, cette carrière doctorale et internationale ne serait possible. Toute l'équipe du laboratoire d'hydro-climatologie de mon institution ainsi que les membres de l'ONG-La Sentinelle verte mérite un remerciement particulier. Ce travail est bien le leur. Cette construction scientifique repose sur leurs travaux de recherche sur le terrain. Je n'oublie pas ma famille biologique et institutionnelle à qui je dois tout dans la vie.

TABLE DES MATIÈRES

LISTE DES ILLUSTRATIONS

Liste des cartes

Liste des figures

Liste des planches

Liste des photos

Liste des tableaux

Résumé

Pays d'Afrique de l'Ouest subsaharienne, la Côte d'Ivoire est située entre 4°20'
et 10°50 de latitude nord et 03°18' et 07°22' de longitude ouest. Elle a une
superficie de 322.463 km^2 avec une population estimée à 29. 389. 150 habitants
(RGPH, 2021). À l'instar des autres pays de la planète terre, la Côte d'Ivoire est
confrontée aux impacts du monstre des temps nouveaux : le changement
climatique. Ce livre a pour objectif de décrire ce phénomène à l'échelle du
territoire national ivoirien à travers sa genèse, ses causes actuelles, ses impacts
multiformes et surtout des stratégies ivoiriennes pour faire face. Il contribue donc
à renseigner et informer l'humanité sur le paysage climatique nouveau de ce pays
à l'ère du changement climatique. L'approche méthodologique repose
essentiellement sur l'exploitation de travaux scientifiques menés sur le
changement climatique et ses impacts en Côte d'Ivoire. Ces travaux ont utilisé la
méthode géographique de recherche. Ainsi les outils statistiques, géomatiques et
cartographiques ont beaucoup été utilisés par ces différents auteurs que nous
sommes pour la plupart dans notre entreprise de recherche d'informations. Les
résultats obtenus sont organisés en cinq (5) principaux chapitres. Le premier est
une esquisse de redéfinition des différents types de climats en Côte d'Ivoire selon
les zones biogéographiques. Le second chapitre décrit le phénomène du
changement climatique de façon simplifié au niveau planétaire et par ricochet ses
manifestations sur le territoire ivoirien. Ainsi, le chapitre 3 en détermine les
principales causes à l'échelle de la Côte d'Ivoire. Dans le chapitre 4, les
différentes causes sus-mentionnées justifient en quoi les impacts s'amplifient et
se diversifient dans notre pays sur le milieu naturel, la santé des populations et
leurs activités, créatrices de revenus. Le changement climatique vulnérabilise les
écosystèmes naturels, les ressources en eau et l'environnement physique tout
entier. Il intensifie l'inconfort humain dans son milieu de vie et fragilise les
économies. Face à cela, dans le chapitre 5 de ce document, les réponses face à ce
sorcier du village planétaire prennent forme en Côte d'Ivoire. En effet, les
individus s'activent de plus en plus. Ils sont appuyés par l'Etat et les organisations
nationales et internationales.

Mots-clés : Côte d'Ivoire, Changement climatique, causes, impacts, stratégies

Abstract

Côte d'Ivoire is located in sub-Saharan West Africa, between latitudes 4°20' and 10°50' north and longitudes 03°18' and 07°22' west. It has a surface area of 322,463 km^2 and an estimated population of 29,389,150 (RGPH, 2021). Like other countries on the planet, Côte d'Ivoire is facing the impacts of the monster of the new age: climate change. The aim of this book is to describe this phenomenon at the national level in Côte d'Ivoire, through its origins, its current causes, its multifaceted impacts and, above all, Côte d'Ivoire's strategies for dealing with it. It therefore contributes to informing and informing humanity about the new climatic landscape of this country in the era of climate change. The methodological approach is based essentially on the exploitation of scientific work carried out on climate change and its impacts in Côte d'Ivoire. Most of these studies have used the geographical research method. Thus, statistical, geomatic and cartographic tools have been used extensively by the various authors, most of whom are ourselves, in our search for information. The results obtained are organised into five (5) main chapters. The first chapter outlines a redefinition of the different types of climate in Côte d'Ivoire according to biogeographical zones. The second chapter describes the phenomenon of climate change in simplified terms at the global level and, by extension, its manifestations in Côte d'Ivoire. Chapter 3 identifies the main causes of climate change in Côte d'Ivoire. In Chapter 4, the various causes mentioned above are used to explain how the impacts are increasing and diversifying in our country, affecting the natural environment, people's health and their income-generating activities. Climate change is making natural ecosystems, water resources and the entire physical environment more vulnerable. It intensifies human discomfort in their living environment and weakens economies. Chapter 5 of this document sets out the responses to this global village wizard in Côte d'Ivoire. Individuals are becoming increasingly active. They are supported by the state and national and international organisations.

Key words *: Côte d'Ivoire, Climate change, causes, impacts, strategies*

Introduction générale

Le changement climatique apparaît de nos jours comme l'un des fléaux qui trouble la quiétude de l'humanité. Mais l'homme inquiet reste pourtant la principale cause de la péjoration du climat mondial. Il est tenu pour plus de 99% responsable du réchauffement exagéré du climat constaté de nos jours (GIEC, 1997). À l'origine du malaise environnemental, se trouve la monétarisation de l'économie, le libéralisme économique et surtout la consommation marchande. Cette course éfreinée à la richesse et au bien-être social a eu malheureusement pour cible la nature. Cette dernière constitue un potentiel à exploiter certes, mais la rationalisation de cette exploitation a souvent fait défaut. Le phénomène est à l'échelle mondiale. Tous les actes sur les climats des uns rejaillissent sur les climats des autres. En effet, si le morcellement de la PANGEA en différentes entités est le fait des activités naturelles, la subdivision des continents en petits pays relève bien du jeu égoïste de l'Homme sur la terre. La nature ne s'y reconnaît pas. C'est pourquoi, la circulation des vents ne reconnait point le tracé des frontières coloniales en Afrique par exemple. Ce travail tente de répondre à la préoccupation principale de savoir ce que sont les impacts du changement climatique sur la Côte d'Ivoire et les réponses ivoiriennes face à ce phénomène. L'objectif est aussi de montrer les effets multiformes du changement climatique sur l'environnement physique et socio-économique. L'exposé des stratégies vient enrichir cet objectif principal. L'arsenal méthodologique repose surtout sur l'exploitation documentaire. Il est basé sur nos enseignements dans les amphithéâtres des universités. Certains travaux de recherche menés dans notre laboratoire d'Hydro-Climatologie et Environnement (LHYCE) ont également servi de soubassement à ce document. Ces travaux n'ont pas échappé à la rigueur de la démarche géographique qui repose sur l'observation du phénomène sur le terrain et le traitement statistique, géomatique et/ou cartographique des données collectées. En clair, le géographe localise son phénomène, l'observe, fait un inventaire qu'il décrit ou analyse pour expliquer et comparer avant d'en tirer une conclusion. Pour ce faire, l'hydrologue et/ou le climatologue procède à une collecte des informations primaires et secondaires de terrain. Il analyse ces informations au travers d'outils statistiques ou géomatiques. Il décrit ensuite l'évolution du phénomène sur le terrain en privilégiant la représentation cartographique ; c'est-à-dire la localisation et l'évolution du phénomène dans l'espace géographique. En tant que science concrète et dure, la géographie climato-hydrologique doit se baser sur des faits réels ; c'est-à-dire qui se sont effectivement déroulés dans l'espace et le temps. La climatologie est justement l'une des rares sciences où la connaissance livresque ne suffit pas pour tirer des conclusions apodictiques. Le vécu y joue énormément. L'imaginaire et le fabuleux s'éloignent donc de la construction géographique.

Le document ainsi bâti constitue un répertoire qui explique de façon simplifiée tout le processus climatique mondial. Mais il se focalise sur le mécanisme de la circulation des vents en Côte d'Ivoire, ses impacts sur les zones écologiques issues de la répartition des pluies et des températures. Ainsi dans le chapitre 1, nous réécrivons de façon plus simplifiée, le climat ivoirien avec des détails précis sur les types de vents, leurs mécanismes de circulation et leurs apports pluviogéniques sur le territoire ivoirien. Il s'agit des types de pluies observées, leur origine et leur répartition dans l'espace géographique ivoirien. Il faut reconnaître que les températures et situations pluviométriques, autrefois admises dans les zones climatiques dans les premiers écrits coloniaux et post-indépendants sur les climats en Côte d'Ivoire, sont aujourd'hui dépassées par le contexte climatique actuel. Dans le chapitre 2, l'accent est mis sur le changement climatique. Quel est ce phénomène ? Comment est-on arrivé à un changement de climat ? Peut-on parler de changement climatique à l'échelle d'un pays comme la Côte d'Ivoire ? Etc. Ce chapitre 2 nous renseigne davantage sur ce phénomène mais surtout dans une expression plus facile à lire pour le comprendre davantage. Le chapitre 3 situe les responsabilités de l'homme dans l'explication d'un effet de serre renforcé qui se traduit par un réchauffement intensifié de la planète. Ces actions anthropiques s'exercent à des échelles spatiales plus réduites. Voilà pourquoi, nous expliquons comment en Côte d'Ivoire, l'on contribue au réchauffement du climat mondial. Si les causes sont clairement exposées dans le chapitre 3, le chapitre 4, quant à lui, décrit d'une part, les impacts du changement climatique sur le milieu physique ivoirien à savoir le couvert végétal, les sols et les ressources en eau. D'autre part, les impacts sur le milieu socio-économique sont exposés à l'échelle de certaines zones climatiques ou localités ivoiriennes. Ces analyses se sont appuyées sur des études singulières et spécifiques effectuées sur l'impact du climat sur la santé humaine, l'agriculture, l'élevage et les pêcheries continentales en Côte d'Ivoire. Elles ont été réalisées dans notre laboratoire de recherche avec nos jeunes chercheurs. Face à ce problème crucial des temps nouveaux qu'est le changement climatique, l'Homme est contraint à la vie sur terre. Et cette serre planétaire qui nous abrite tous, fait parfois de nous, des cohabitants ou des habitants d'un même village ou d'une même maison où tous les voisins sont logés à la même enseigne et ayant des destins communs. C'est ainsi que l'humanité est à la recherche de solution face à ce monstre. Le chapitre 5 fait un exposé des différentes stratégies embrassées par la Côte d'Ivoire et ses populations pour faire face au phénomène.

Lesquelles stratégies ont été catégorisées en deux. Dans un premier temps, il s'agit des stratégies d'adaptation menées à la fois mais différemment par des acteurs physiques et moraux. Dans un second temps, les mesures courageuses d'atténuation entreprises par les acteurs publics en Côte d'Ivoire sont exposées.

CHAPITRE 1 : Les climats de la Côte d'Ivoire

Introduction

La Côte d'Ivoire est située entre les 4°20' et 10°50 de latitude nord et 03°18' et 07°22' de longitude ouest. Elle a une superficie de 322.463 km^2.

Du point de vue biogéographique, au Sud, dans la zone littorale et forestière, c'est le domaine guinéen. Au Centre et au Nord de ce pays, nous avons le domaine soudanais. Il est donc difficile de parler de "savanes herbeuses" en Côte d'Ivoire comme généralement enseigné dans les documents au cycle primaire et secondaire dans ce pays. En effet, la savane herbeuse se distingue des autres formations de savanes par l'étendue d'un tapis herbacé continu ponctué de quelques arbustes épars de moins de 10 m de haut et la quasi absence d'arbres (T. SANE, 2003, p. 79). Cependant, au Nord de Tengréla, dans la zone de Nigouni (localité plus haute en latitude à l'échelle de la Côte d'Ivoire), l'on peut encore distinguer des ilots de forêts claires par ailleurs jalousement conservés par les peuples Gbandjé à des fins culturelles. Ces savanes boisées s'étendent au-delà des frontières ivoiriennes jusqu'à la région de Bougouni et de Sikasso au Sud-Est du Mali ou de Banfora et de Bobodioulasso au Sud-Ouest du Burkina Faso.

Aux entités biogéographiques, correspondent deux grands types de climat. En dessous du 6è parallèle nord, on observe un climat de type guinéen avec une végétation de forêt dense. Elle a une particularité de végétation de mangrove sur le littoral. Au-dessus du 6è parallèle et ce jusqu'au 11è parallèle, le climat est de type soudanien où les savanes préforestière et boisée sont observées. Au sein de ces deux grandes entités climatiques, plusieurs variantes se distinguent. On empreinte généralement la couleur locale pour catégoriser ces variantes climatiques nationales. Ainsi au Sud du pays, on parle de climat "attiéen" pour désigner le climat subéquatorial. Le climat de "montagnes" à l'Ouest où la dynamique orographique des élévations a donné une particularité au climat tropical humide. Au Centre, le climat "baouléen" qui a les caractéristiques d'un climat soudanien de transition. Ce climat fait la jonction entre le climat subéquatorial du Sud et le climat soudanien du Nord. Il est très confus. Il est ainsi dit parfois "climat subéquatorial atténué" ou parfois "climat sud-soudanien". Au Nord du pays, au-dessus du 8è parallèle nord, c'est le climat soudanéen qui appartient également au climat tropical humide plus aigu. C'est un climat de type nord-soudanien.

Le climat, d'une manière générale, se définit comme l'état moyen des conditions de l'atmosphère à un moment précis au-dessus d'un espace donné. Le climat, à la différence des autres domaines de la nature que sont la végétation, les sols et l'hydrographie, est, quant à lui immatériel. Le climat se lit donc aisément à travers ses principaux paramètres que sont les vents, les précipitations, les températures, l'ensoleillement, etc. Ces phénomènes climatiques se déroulent dans le système atmosphérique.

1.1-L'atmosphère de la terre

La climatologie définit l'atmosphère comme l'immense couche de gaz qui entoure la planète terre. Elle est pour le climatologue, ce qu'est le corps humain dans son fonctionnement pour le médecin. Ce vaste domaine de la terre apparemment vide pour le commun des mortels, reste cependant un appareil bien constitué chimiquement, structuré et en plein fonctionnement perpétuel. Il est dynamique.

1.1.1.- La composition de l'atmosphère terrestre

L'air sec se compose à 78,087 % de diazote, à 20,95 % de dioxygène, à 0,93 % d'argon, à 0,041 % de dioxyde de carbone et de traces d'autres gaz (Robert et al. 2006, p. 1). De façon chimique, il comprend plusieurs éléments catégorisés. Certains d'entre eux s'occupent de la régulation thermique comme l'eau et le gaz carbonique. D'autres ont un rôle nutritionnel comme l'azote. L'ozone, quant à lui, s'intéresse à la protection de la biosphère contre les ultra-violets du soleil (figure 1). Par ailleurs, il y a la classe des gaz rares dont certains sont polluants. Chaque élément fonctionne et coordonne ses activités avec les autres pour un fonctionnement adéquat du système atmosphérique sur terre. Cette configuration de l'atmosphère illustre le fonctionnement normal de l'atmosphère. Par exemple, les régulateurs thermiques ont une force équilibrée de sorte à assurer une vie satisfaisante de la biosphère sur la planète terre.

Figure 1 : Composition de l'atmosphère terrestre

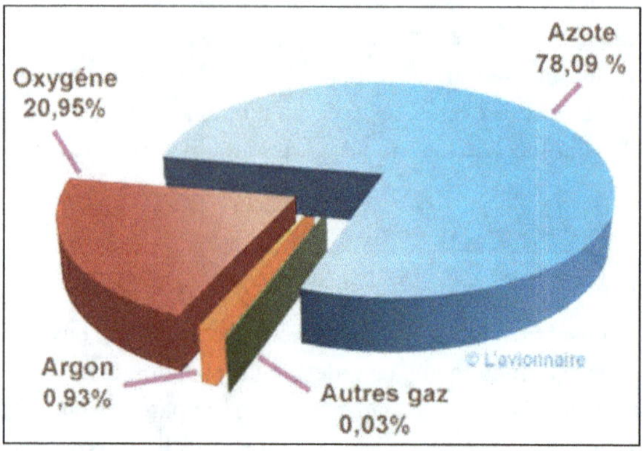

Source : alamyimages.fr

1.1.2. La structure de l'atmosphère terrestre

De façon structurale, l'atmosphère de la terre n'est pas cet assemblage d'éléments disparates dans l'espace aérologique. Il est bien stratifié avec plusieurs niveaux distincts. Ainsi de la surface du sol vers l'altitude, on observe d'abord la troposphère. Cette dernière reste importante dans les échanges climatiques car elle regroupe une grande quantité de masse d'air, les eaux, les végétaux et les substratums qui influencent fortement le climat. Cette troposphère est suivie de la stratosphère que les climatologues qualifient généralement de couche chaude. En effet, elle loge la quasi-totalité de l'ozone. Cet élément de l'atmosphère absorbe une part importante du rayonnement solaire (les rayons ultra-violets). D'autres couches suivent la stratosphère. Il s'agit respectivement de la mésosphère, la thermosphère qui se compose de l'exosphère et l'ionosphère (F. TIMBERT, 2003, p 2). Cette structuration de l'atmosphère reste importante pour les avionneurs. En fait si la surface du sol, le continent (la route) est décisive pour les véhicules, l'océan pour les bateaux, l'espace aérologique ne saurait être que le domaine d'exploitation de l'avion. D'une strate de l'atmosphère à une autre, la température de la terre reste variable. Par exemple, lors de la traversée de la troposphère du bas vers le haut, la température baisse de 0,6°C chaque 100 mètres d'altitude. En revanche, cette température augmentera dans le parcours de la stratosphère. Ce jeu de baisse et de hausse de température reste similaire pour la mésosphère et la thermosphère (figure 2).

Figure 2 : Stratification de l'atmosphère terrestre

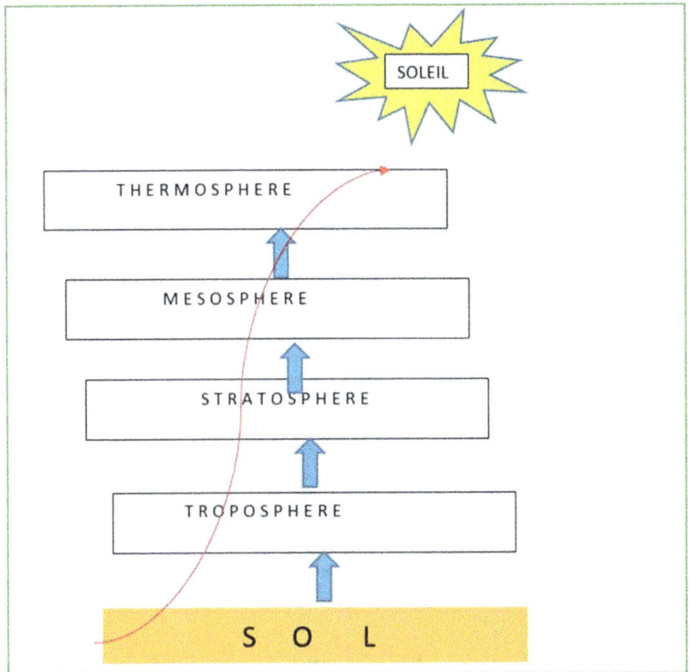

Source : B.I. DIOMANDE, 2011

1.1.3-La dynamique de l'atmosphère terrestre

L'atmosphère de la terre n'est pas non plus immobile, elle se meut. La couche de gaz qu'est l'atmosphère est en perpétuel mouvement. En effet, les vents ou flux à la surface de la terre ont un schéma de circulation. Ils partent toujours des Hautes Pressions d'air vers les Basses Pressions. A la surface de la terre, l'on distingue plusieurs ceintures de Hautes et de Basses Pressions : Hautes Pressions Polaires et Tropicales, Basses Pressions Intertropicales, etc. Ainsi à l'échelle de l'Afrique de l'Ouest, les Anticyclones des Açores au Nord et de Sainte-Hélène au Sud apparaissent comme des zones de Hautes Pressions permanentes. Ce sont elles qui propulsent les vents sur toute la sous-région ouest-africaine et par ricochet sur le territoire ivoirien. Les Hautes Pressions sont donc des zones de départ des flux tropicaux de surface qui ne sont d'autres que les alizés (figure 3). Dans l'espace aérologique ouest-africain, il y a une circulation de flux en altitude animée par le

Jet d'Est Tropical (JET) qui est un démembrement du Jet Stream. Ce dernier est un gigantesque vent qui rabat l'air de haut en bas au niveau de la planète terre. En saison sèche, les actions de l'anticyclone des Açores sont renforcées par la Haute Pression Saharo-Libyenne. Cette dernière est non permanente. Les flux de surface (les alizés) en Afrique de l'Ouest et en Côte d'Ivoire convergent tous vers l'équateur géographique qui est la zone principale de Basse pression Intertropicale (M. Leroux, 1974, pp.13-16).

Figure 3 : Schéma de la circulation des flux à la surface du globe terrestre

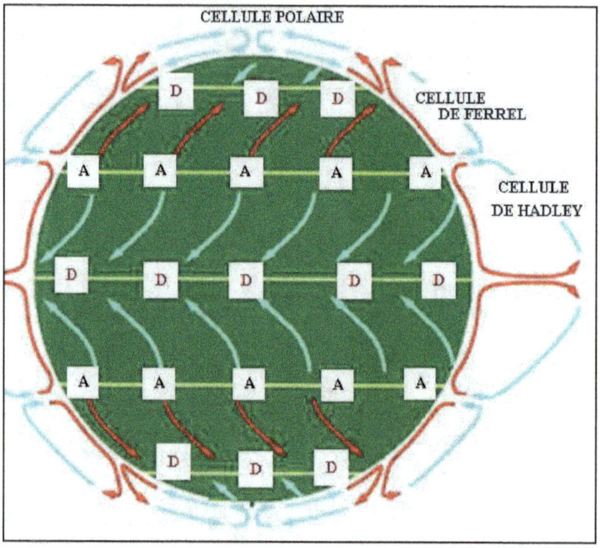

Source : alamyimages.fr

1.2-Les types de vents et leur circulation en Côte d'Ivoire

La Côte d'Ivoire est un pays de l'Afrique de l'Ouest. À ce jour, elle compte plus de 29, 380 millions d'habitants inégalement répartis dans 14 districts administratifs couverts par trois (3) principales zones climatiques (planche 1).

Planche 1 : Districts administratifs et zones climatiques de la côte d'Ivoire

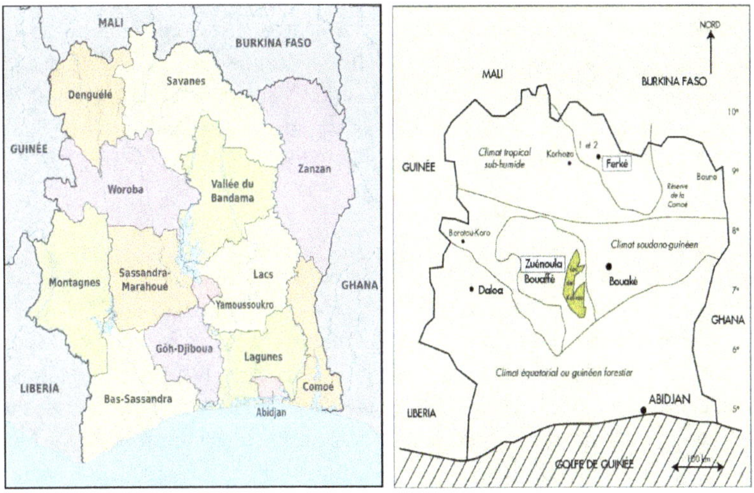

Source : www.ikpédia.com

À l'instar de toute la sous-région ouest-africaine, l'ensemble du territoire ivoirien est généralement balayé par deux types de vents d'alizé. Les alizés sont des vents propres à la zone intertropicale. Ce sont des vents, au niveau de la planète terre, qui soufflent d'Est en Ouest. Ils ont donc un sens de circulation opposé aux vents de la zone tempérée qui sont des vents d'Ouest.

L'alizé est un flux issu d'une cellule anticyclonique des Hautes Pressions tropicales et qui se dirige vers l'équateur météorologique. Sa vitesse est fonction de la puissance des noyaux anticycloniques mobiles. Ces noyaux accélèrent, à chaque expulsion, le flux d'alizé dont la vitesse dépend aussi de la saison. Elle est généralement plus rapide en hiver qu'en été du fait de l'importance des échanges méridiens en cette saison. La prise en compte des caractères thermiques, hygrométriques et de la trajectoire des flux permet de distinguer des variantes dans les flux d'alizé.

On parle ainsi d'alizé maritime qui est formé d'air polaire récent. Par son origine, la strate inférieure accuse un contraste thermique important par rapport au flux subsident. On le rencontre sur la face orientale des cellules anticycloniques. Provenant des Hautes Pressions nord, de la mer, il peut dévier sur le continent. Il devient alors l'alizé maritime continentalisé. Cependant, l'alizé peut être expulsé par les noyaux mobiles, au niveau de l'anticyclone des Açores et se déverser directement sur le continent sans passer par la mer : c'est l'alizé continental. Il est tropicalisé. En passant par le Sahara, ce dernier se dessèche et prend le nom de « Harmattan ». Il devient un alizé continental humidifié lorsque les conditions de l'utilisation de l'humidité atmosphérique lui sont offertes (en fonction de la trajectoire et du substratum qu'il traverse). Il se rencontre sur la face occidentale des cellules anticycloniques. Tandis que l'alizé maritime est stable, l'alizé continental, lui est un flux instable. L'alizé a toujours une direction nord-est / Sud-ouest (M. LEROUX (1998 cité par P. SAGNA (1988, P. 79).

1.2.1-L'Harmattan en Côte d'Ivoire

Du mois de décembre à mars de l'année, les vents d'harmattan soufflent sur la Côte d'Ivoire, situé au Sud du Sahara. Ce flux a une origine boréale. Il provient des Açores et descend vers l'équateur géographique. Il est resté sec car il n'a point rencontré de surface humide (océan, mer, grand lac, etc.). L'harmattan est donc un vent chaud et sec. Cette caractéristique thermique sèche (issu du désert sec du Sahara) amène l'harmattan à la recherche permanente d'eau dans tous les corps (végétaux, humains, animaux, etc.) qu'il rencontre sur son passage. La sensation de fraicheur qu'il procure s'explique tout simplement par le phénomène d'échanges méridiens. En effet, les vents froids d'Ouest provenant des anticyclones polaires se prolongent en hiver jusqu'aux régions tropicales. Les vents tropicaux en font de même en été sur les moyennes latitudes. Les variations diurnes au niveau du désert du Sahara agissent fortement sur l'harmattan, d'origine des Açores mélangé aux vents d'Ouest plus froids. D'où, durant la saison sèche en Côte d'Ivoire, l'air est beaucoup frais de la nuit jusqu'au matin avant de retrouver sa chaleur initiale durant le reste de la journée. L'harmattan est un flux stérilisant. Il ne peut favoriser la pluie en raison de son caractère hygrométrique. Les rares pluies généralement observées en Côte d'Ivoire en période d'harmattan peuvent s'expliquer par d'autres phénomènes météorologiques. Ce sont par exemple l'orographie, les convections locales, les lignes de grains, etc.

1.2.2-La Mousson en Côte d'Ivoire

La Mousson est le prolongement d'un alizé qui en passant l'équateur géographique subit une déviation de sa trajectoire. Elle est donc un flux originaire d'un hémisphère et qui s'intègre dans la circulation de l'autre hémisphère (M. LEROUX (1998 cité par P. SAGNA (1988, p.76). Cette déviation est nette lorsque la trace au sol de l'Equateur Météorologique s'éloigne de l'équateur géographique. La mousson est un alizé d'origine australe. Elle a été propulsée par l'anticyclone de Sainte-Hélène (dans l'Atlantique sud) et qui a longé cet océan jusqu'aux côtes ivoiriennes. Mais le flux s'acquiert les caractéristiques thermiques et hygrométriques de l'espace géographique traversé (à l'instar de l'alizé continental au-dessus du désert du Sahara), la mousson va par conséquent devenir un vent froid et humide. Elle est riche en conditions pluviogéniques. Pour le cas spécifique de la Côte d'Ivoire, la mousson rentre sur ce territoire par la façade sud. La mousson a une direction Sud-Ouest/Nord-Est à l'opposé de l'Harmattan qui, lui, vient du Nord-Est et se dirige vers le Sud-Ouest. D'où la rencontre des deux masses d'air, originellement identiques mais désormais de nature différente en raison des espaces géographiques traversés, va devenir une nécessité absolue. Étant de nature différente, l'harmattan et la mousson ne pourront point se mélanger. C'est ainsi que la notion de Front Intertropical (FIT) prend tout son sens. Le front intertropical est donc cette section inclinée de l'équateur météorologique sur le continent, qui matérialise la zone imaginaire de rencontre entre l'harmattan et la mousson. C'est une zone de discontinuité des flux. En Côte d'Ivoire, la mousson va globalement d'avril à novembre.

1.2.3-Les saisons d'Harmattan et de Mousson en Côte d'Ivoire

La saisonnalité des flux d'harmattan et de mousson sur le territoire ivoirien s'explique par la vigueur des anticyclones à propulser les flux ; ce qui va impacter fortement la migration de l'équateur météorologique en latitude. A la différence de l'équateur géographique qui est statique, la position de l'équateur météorologique sur le continent (le front intertropical) est de circonstance. En effet, à l'échelle de la Côte d'Ivoire, la migration du front intertropical (FIT) varie selon les latitudes. Elle a un pas de temps mensuel et se fait de façon cyclique. La migration en Côte d'Ivoire se fait dans un gradient nord-sud. Il importe de rappeler que la Côte d'Ivoire se situe entre les 4°30'' et 10°50'' de latitude nord. Ainsi la phase aller de la migration part du 6°N de latitude (la bande permanente de mousson côtière s'étalant du 4°30'' à 6°). Sur le terrain, le 6°N est cette ligne imaginaire en dessous de la limite sud du "V-baoulé", soit à la lisière de la zone de contact entre la savane et la forêt au Sud de Toumodi. Ce départ de la migration se déroule en décembre-janvier de l'année. Au mois de février, le front intertropical se situe légèrement en-dessous de Bouaké, au niveau du 7°N de latitude. Au mois de mars, au-dessus de Katiola (8°N). Ainsi, la phase aller de la migration franchira les 10°50 et atteindra le 22°N de latitude nord dans la zone géographique de Thessalit au Nord de la république du Mali. La mousson n'ira pas au-delà de cette limite septentrionale en raison de la présence permanente d'alizé continental. Ce sera la fin de la phase Aller. Elle a lieu en fin août- début septembre (figure 4).

Le repli s'amorce dans la même période. De latitude en latitude à l'échelle d'un mois de temps environ, le front retrouvera sa position initiale en décembre-janvier. Ainsi, la phase de remontée (Aller) du front intertropical correspond à la saison de mousson ou de pluie tandis que celle du repli marque la saison sèche sur le territoire ivoirien. Une saison (de pluie) est un ensemble de mois consécutifs ayant un comportement pluviométrique similaire (B.I. DIOMANDE, 2011, p. 47).

Figure 4 : Migration du Front intertropical en Côte d'Ivoire

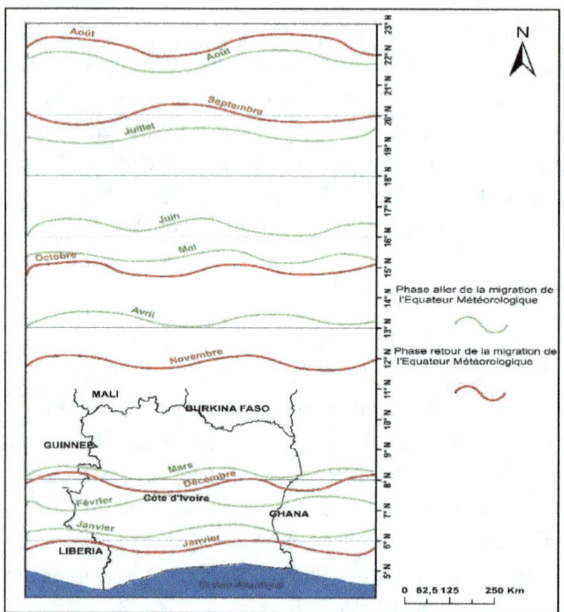

La conséquence de la migration en surface est la manifestation des deux types de saisons (pluvieuse et sèche) en Côte d'Ivoire. En effet, de fin novembre-début décembre, la saison sèche commence. Cela signifie que le FIT occupe sa position extrême australe (6°N). Durant ce temps, toute la zone géographique au-dessus du FIT est balayée par l'harmattan. En fin août-début septembre, le vent de mousson occupe sa position septentrionale extrême (22°N). Pendant ce temps, l'ensemble du territoire ivoirien (4°30-10°5°N) est recouvert de vent de mousson. Il suffit que les autres conditions de pluviogenèse se réunissent à un endroit précis pour que des chutes commencent (figure 5).

1.3-Les pluies et températures en Côte d'Ivoire

1.3.1-Les types de pluies fréquentes en Côte d'Ivoire

Les précipitations sont tout ce qui chute sous forme de goutte d'eau en surface. Ainsi la pluie, la rosée, le brouillard, la brise de mer, la neige, la grêle sont des précipitations.

Les vents sont toujours à l'origine des pluies dans une zone géographique. Dans la zone chaude de la planète ; c'est-à-dire entre les tropiques du cancer et du capricorne, les chutes de précipitations se font généralement sous forme de pluie, de brouillard ou de rosée. Cela est dû au processus moins abouti de condensation des nuages à cause de la température élevée entre les tropiques. Mais dans les zones froides (polaires et tempérées), cette condensation est plus forte à tel enseigne que les chutes, notamment en hiver, sont sous forme de neige.

En Côte d'Ivoire, d'une manière singulière, l'on peut observer diverses formes de pluie. Elles sont en général engendrées par la mobilité des fronts, des flux et la circulation atmosphérique générale. Il s'agit des anomalies et des chevauchements des flux qui s'accompagnent de mauvais temps. Les plus fréquemment observées sont : *Les pluies de front ou de saison, les pluies de lignes de grains, les pluies orographiques et les pluies de convection locale,*

Les pluies de front

Ce sont des précipitations liées à la migration en latitude de l'équateur météorologique. En effet, la structure Z.I.C (Zone Intertropicale de Convergence) dudit équateur est le siège de précipitations régulières. Cette partie active offre des conditions particulièrement favorables aux mouvements ascendants et aux développements des formations nuageuses. En effet, la ZIC est l'axe de concentration de la vapeur d'eau advectée (figure 6). La remontée de l'équateur météorologique vers le Nord laisse en dessous toute une zone couverte de vent de mousson. Ces vents dans leur circulation connaissent des perturbations occasionnant des chutes fréquentes durant plusieurs mois. Ces pluies sont donc communément appelées « *pluies de saison* » ou « *pluies de mousson* ».

Figure 6 : Mécanisme de préparation d'une pluie de Front

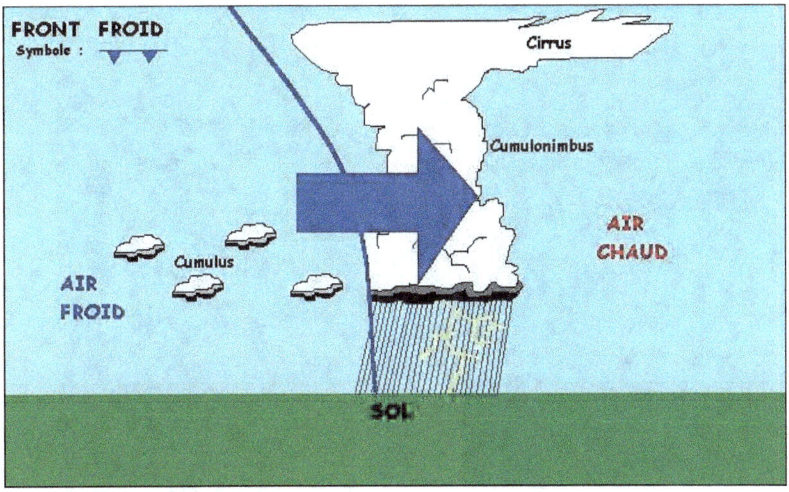

Source : alamyimages.fr

Les pluies de lignes de grains

Il s'agit de formations pluvieuses peu régulières dans le temps. En effet, l'ampleur de la confrontation entre le Jet d'Est Africain et le flux de mousson entraine, avec violence, la formation d'une ligne de déplacement bien visible à l'œil nu. L'importance des précipitations déversées a un caractère essentiellement orageux. Ces perturbations intéressent surtout la structure inclinée de l'équateur météorologique ou la zone intertropicale de convergence. Les précipitations qui en résultent sont le fait de nuages à grand développement vertical du type cumulus et cumulonimbus. La particularité des pluies de ligne de grains, dans leur formation, c'est le déplacement des masses nuageuses du point de formation au point de chute (figure 7).

Figure 7 : Développement d'une ligne de grains

Les pluies orographiques

Les flux dans leur circulation horizontale rencontrent un relief sur lequel ils viennent butter. La vapeur d'eau prend ainsi de l'ascension et forme une couche nuageuse qui se condense progressivement sous l'action du vent. Les chutes se font surtout sur les « versants au vent » au détriment des « versants sous le vent » qui enregistrent des totaux pluviométriques moins élevés (figure 8). Ce phénomène est régulier dans l'Ouest montagneux ivoirien où la dorsale guinéenne constitue un utilisateur fixe du potentiel précipitable advecté du flux de mousson. Cet ensemble accroît les hauteurs de pluies enregistrées par rapport aux régions environnantes. L'importance des quantités des pluies chutées est fonction de l'altitude, des caractères thermiques, hygrométriques et l'épaisseur de la couche humide des flux advectés. Elle dépend aussi de la vitesse des flux dans leur circulation, qui va affronter le relief. Le surplus de précipitations est donc lié à la forme, l'étendue et la vigueur des pentes du relief. En effet, des pentes faibles permettent de gravir progressivement le relief tandis que des pentes abruptes forment un barrage qui oblige le flux advecté à s'élever.

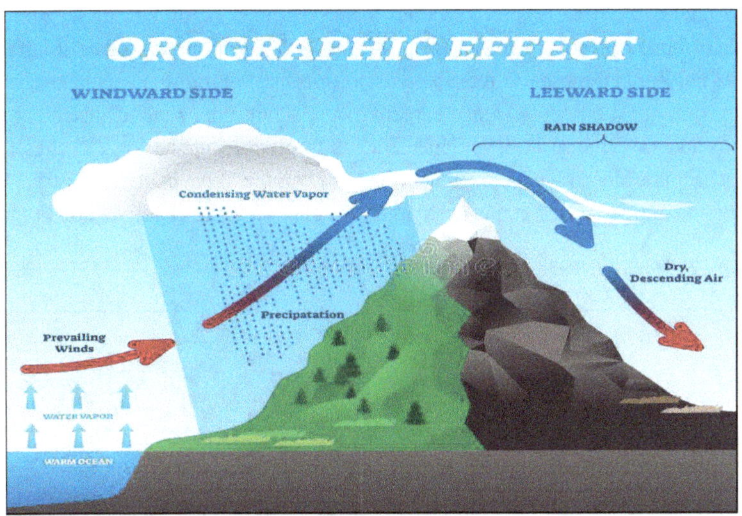

Source : alamyimages.fr

Cette situation pluvieuse est beaucoup lisible dans toute la façade ouest de la Côte d'Ivoire. La zone de Tabou est par excellence la zone la plus arrosée à l'échelle de la Côte d'Ivoire. En effet, cette région bénéficie à la fois d'un climat subéquatorial ; car se situant dans la bande permanente de mousson en dessous du 6°de latitude nord. De surcroît, sa position ouest à la lisière de la dorsale guinéenne, lui offre des avantages de chutes orographiques constantes et importantes. En revanche, la région de Man n'a pas un climat subéquatorial. Sa position latitudinale en témoigne aisément (8-9°N). Mais la dynamique orographique des montagnes a fini par doter toute cette zone de formations forestières denses. Il en est ainsi de toute la façade nord-ouest allant de Man à Odienné. Bien qu'éloigné de la zone de mousson permanente sur le littoral et par ailleurs en haute latitude en Côte d'Ivoire, Man, Biankouma, Touba et Odienné enregistrent des cumuls pluviométriques élevés (plus de 1400mm/an). Cette quantité est nettement supérieure à celle enregistrée dans les régions centres du pays (Yamoussoukro et Bouaké) qui n'ont en moyenne que 1000 mm-1200 mm de pluie par an. Sur l'ensemble du territoire national ivoirien, la zone de Bouna est restée très marginalisée dans la distribution des quantités de pluie. Cette situation s'explique par le fait que cette zone est victime de la continentalité. Elle est loin des côtes marines (mousson) du Sud et loin de la dorsale guinéenne (orographie) de l'Ouest du pays.

Les pluies de convection locale

Cependant on parle de convection locale comme perturbation lorsque le réchauffement du sol (dû à une convergence verticale du rayonnement solaire et de la chaleur interne de la terre ; rayon infra-rouge) entraîne un réchauffement d'air qui, ainsi allégé, s'élève, créant par ce fait une zone d'instabilité et d'ascendance propice au développement des formations nuageuses qui chutent : c'est la pluie de convection (figure 9). Par exemple, l'on peut enregistrer des chutes de pluie à Abobo et non à Adjamé ; des pluies à Koko et non à l'Air-France.

Figure 9 : Manifestation d'une Pluie de Convection locale

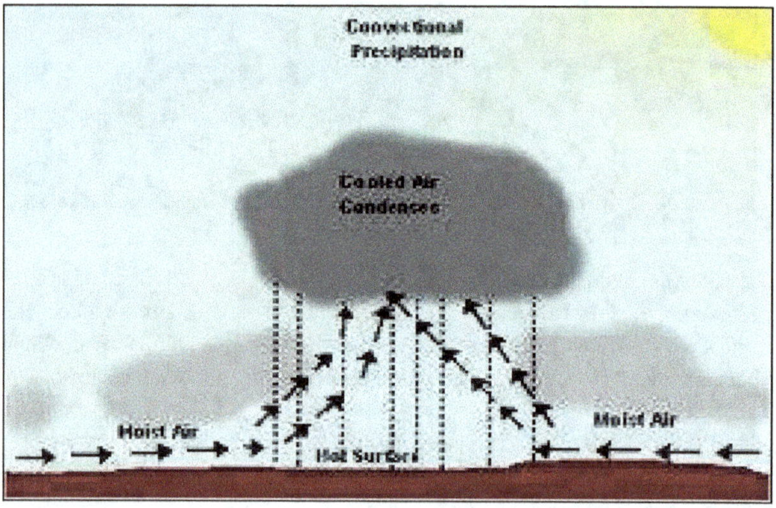

Convectional Precipitation

Cooled Air Condenses

Moist Air

Hot Surface

Moist Air

Source : *alamyimages.fr*

En Côte d'Ivoire, la ville d'Abidjan reste beaucoup arrosée. Il y pleut constamment, souvent en saison sèche. Dans l'année, l'on y enregistre des chutes importantes de pluie. L'abondance pluviométrique dans cette ville peut s'expliquer par deux facteurs principaux. D'abord, Abidjan se situe au bord de l'Océan Atlantique ; d'où Abidjan fait partie des localités ivoiriennes qui baignent dans la bande permanente de mousson durant toute l'année. Mieux, elle accueille régulièrement des poussées de mousson plus froid et humide. Mais la situation au bord de l'océan n'est pas une raison suffisante pour expliquer les pluies constantes dans la ville d'Abidjan. En effet, la ville de Dakar par exemple, est située dans la mer. Elle est une presqu'île. Mais cette ville peut enregistrer huit mois secs dans l'année sans pluie. Abidjan a tout simplement l'avantage d'une bonne orientation des vents de mousson –encore plus froids-qui se déversent directement sur le continent en commençant par ces villes côtières comme Abidjan. Ensuite, il convient de souligner la présence d'un poumon vert dans la ville. Il s'agit de la forêt du Banco. Cette couverture forestière de plus de 3000 mille hectares reste un atout environnemental pour cette ville en termes de précipitations (KOUASSI et al. 2016, p.3). En effet, la dynamique du phénomène de l'évapotranspiration des espèces forestières reste importante. Cette immense masse de vapeur d'eau stockée dans les nuages est généralement repoussée par les vents de mousson vers les communes d'Abobo et d'Anyama où elles vont généralement chuter. Cette situation amène d'ailleurs les Abidjanais à qualifier cette commune d'Abobo de la plus arrosée à l'échelle de la ville d'Abidjan.

1.3.2-La variation de températures en Côte d'Ivoire

La température est cette sensation de chaud ou de froid que l'on ressent sur son corps. La surface de la terre est subdivisée en trois grandes zones de chaleur. Cette répartition émane de la position de la terre par rapport aux rayons solaires. En effet, c'est l'héliocentrisme de Galilée qui a été approuvée par la communauté scientifique au détriment du géocentrisme ; c'est donc dire que c'est plutôt la terre qui tourne autour du soleil et non pas le contraire. En fonction donc des rayons du soleil reçus par la terre, il se dégage différentes zones d'incidence solaire par rapport à la verticalité : la forte zone d'incidence solaire est celle entre les tropiques du cancer et du capricorne où le rayonnement solaire est perpendiculaire et direct à l'axe de luminosité solaire. C'est la zone des basses latitudes (entre 0 et 30° nord et sud par rapport à l'équateur géographique). Ainsi cette région entre les deux tropiques reste la plus chaude du globe terrestre. Les régions polaires sont par conséquent très marginalisées en quantité de chaleur car elles reçoivent le rayonnement solaire de façon oblique. Il s'agit des hautes latitudes situées entre 60 et 90° nord et sud par rapport à l'équateur géographique). L'incidence du soleil y est moindre. C'est la zone froide du globe. Entre les deux régions sus-mentionnées, est logée celle des moyennes latitudes (entre 30 et 60° nord et sud). C'est la zone intermédiaire. Là, l'incidence du rayonnement solaire reste modérée ; d'où la notion de zone tempérée. Les saisons chaudes et froides y alternent dans l'année.

La Côte d'Ivoire est située dans la première zone mentionnée plus haut ; celle de la chaleur à l'instar des autres pays de l'Afrique de l'Ouest. Durant les douze mois de l'année et dans toutes les zones climatiques ivoiriennes, il fait chaud. Mais d'une zone climatique à l'autre, le taux de vapeur d'eau dans l'atmosphère peut avoir une incidence plus ou moins sensible sur les températures. Ainsi dans la zone subéquatoriale où la mousson plus humide abonde, la moyenne de température est moins considérable (autour de 25°C par an). Le climat de montagnes de l'Ouest connaît une moyenne thermique assez modérée à l'échelle de la Côte d'Ivoire en raison d'une pluviosité abondante. Mais cette zone appartient au climat tropical humide. La moyenne de température peut atteindre 28°C dans l'année. Dans le climat sud-soudanien du Centre, dans la zone préforestière, il fait chaud. Le Centre de la Côte d'Ivoire peut, selon les années, épouser les caractéristiques bimodales du climat subéquatorial ou unimodale du climat nord-soudanien ; d'où son caractère confus. Le climat nord-soudanien, dans les régions septentrionales du pays, a un caractère unimodal et ne varie pas en dépit des cumuls pluviométriques relativement élevés par rapport aux régions centres du pays. Voilà pourquoi, ce régime pluviométrique est aigu. Dans ce climat soudanien du Centre et du Nord, les températures moyennes annuelles oscillent entre 30 et 32°C.

Mais il importe de souligner que ces différentes moyennes ne sont pas stables. Elles varient et augmentent de plus en plus à cause de l'élévation de la température globale de la planète terre.

Conclusion

Les climats de la Côte d'Ivoire sont de deux principaux types. Le climat subéquatorial au Sud dans la zone guinéenne. Il part du 4°20' Nord (position de Tabou) jusqu'au 6° Nord au Sud de Toumodi. Le "V baoulé" qui est une incursion de la savane dans la forêt rend complexe la distinction latitudinale du climat et de la végétation en Côte d'Ivoire. Le climat tropical humide balaie toute la zone soudanaise ; c'est-à-dire du 6°N jusqu'au 10°50'N (latitude de Tengréla). Ce climat tropical humide a deux variantes. Au Centre, l'on observe une variante sud-soudanienne et une variante nord-soudanienne au-delà du 8è parallèle nord. A l'Ouest du pays, les montagnes se sont taillées un climat particulier à leur mesure dans la zone tropicale humide. C'est le climat de montagnes.

CHAPITRE 2 : Le changement climatique

Introduction

Le changement suppose le passage d'une situation A à une situation B. Parler de changement du climat signifie que la composition chimique de l'atmosphère de la terre n'est plus ce qu'elle a toujours été. L'on est passé d'une composition primitive de l'atmosphère à la composition actuelle. C'est ainsi que le monde de la science, les climatologues en particulier, le désigne comme des variations des paramètres statistiques du climat sur la terre, au cours du temps. Sa conséquence est de deux ordres quant à la régulation thermique : soit le ***refroidissement*** de la terre ; soit son ***réchauffement***. Ce phénomène est strictement d'ordre planétaire. De nos jours, l'importance du phénomène de réchauffement de la terre et son corollaire sur la vie des êtres vivants sur terre amène plusieurs sciences et les médias à s'y intéresser. De ce fait, plusieurs notions sont employées pour le désigner : *changement climatique, réchauffement climatique, variabilité climatique, crise climatique, catastrophe climatique, dérèglement climatique, péjoration climatique, etc*. Cette pluralité d'expressions entraine souvent des confusions. L'on peut alors aisément comprendre que le réchauffement climatique n'est pas synonyme de changement climatique. En effet, le premier n'est qu'une conséquence du second. Le changement climatique se traduit soit par un réchauffement de la planète terre ; soit par un refroidissement de celle-ci. Quant à la variabilité, elle se démarque du changement du point de vue de la durée et de l'espace. En effet, tandis que la variabilité est relativement courte dans le temps, car observable à l'échelle de la vie humaine (un à cent ans) ; le changement n'est quant à lui, observable qu'à l'échelle géologique (millier, million, milliard d'années). La variabilité se fait à des échelles spatiales plus petites alors que le changement se fait simultanément sur toute la planète. Il concerne l'échelle macroscopique du climat qui n'est que le climat planétaire. Voilà pourquoi, la variabilité du climat s'étudie aisément à des échelles spatiales plus réduites : microclimat, climat urbain, climat régional, climat zonal, etc. Le changement climatique, lui, concerne le climat mondial.

2.1-L'atmosphère de la terre

Pour comprendre ce qui change réellement dans le climat, un diagnostic de l'appareil atmosphérique s'impose. Cet appareil est composé de plusieurs éléments chimiques dont certains sont ici représentés (figure 10). Les composants mis en rouge n'ont pour unique rôle que de réchauffer l'atmosphère.

Les autres se chargeant de nutrition, protection, etc. Un tel fonctionnement de l'appareil atmosphérique favorise un effet de serre bénéfique à la biosphère sur la terre. Avec ces conditions atmosphériques, la vie sur terre ne souffre d'aucune anomalie. Cet effet de serre est ainsi dit naturel. Cette composition et le fonctionnement thermique favorisent une température moyenne de la terre bien régulée oscillant entre -15 et 15°C.

Figure 10 : Éléments caractéristiques de l'atmosphère terrestre

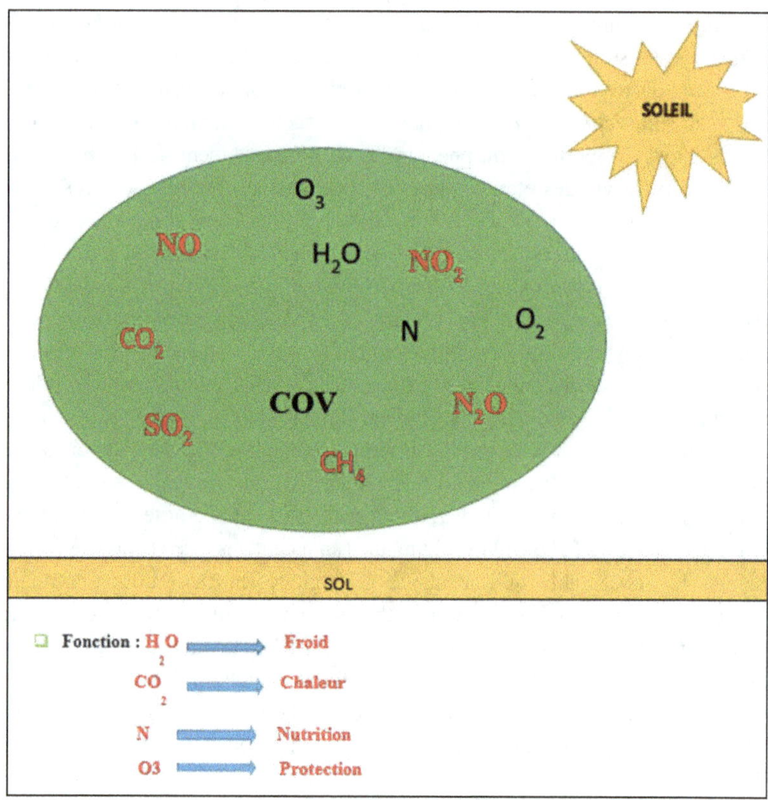

Il importe de comprendre que l'atmosphère est un système voire un appareil qui fonctionne pour le bien-être de l'ensemble de la biosphère sur terre. Sans l'atmosphère, la vie sur terre ne serait pas possible pour les êtres vivants ; car c'est bien elle qui favorise la respiration, la nutrition et protège contre le rayonnement dévastateur des ultra-violets du soleil. C'est enfin elle qui régule la température pour permettre aux êtres vivants de supporter la chaleur ou le froid à la surface de la terre. Il y a là un équilibre au niveau des tâches attribuées aux différents composants. C'est par exemple le cas de la régulation thermique entre H_2O et CO_2. Ils ont ici un pouvoir équilibré entre le refroidissement assuré par le H_2O de la planète et son réchauffement par le CO_2. L'on parlera ici de fonctionnement naturel et équilibré : **le climax**.

Mais malheureusement, cet appareil si indispensable est malade. En effet, l'atmosphère de la terre fonctionne anormalement de nos jours. En termes de système, l'on dira qu'il est déséquilibré.

2.2-Le malaise atmosphérique

L'atmosphère de la terre fonctionne mal en raison de la décomposition chimique primitive. Ce malaise affecte l'ensemble de la planète. L'origine du malaise n'est autre que le forçage radiatif positif. L'introduction de composantes artificielles chimiques dans l'appareil atmosphérique explique son mauvais fonctionnement. En réalité, il faut comprendre que le climat planétaire change toujours. Elle n'a jamais été statique. D'ailleurs, sur terre, il n'y a pas de réalité finie. C'est dire que tout ce qui existe sur terre est dynamique. Ainsi, une montagne qu'on aperçoit dans le paysage depuis notre enfance semble apparemment statique. Et pourtant, elle évolue ; nous dira le géologue.

Le climat, durant les temps géologiques a connu des phases de changement. L'on en retient encore quelques exemples :

- *Vers 5 000-6 000 BP : Dans l'Antarctique, Température d'été plus élevées de 2°C qu'au XXe siècle et de 1°C en hiver. La pluviométrie est de 10% supérieure à l'actuelle : Optimum climatique :*
- *À l'Antiquité gréco-romaine vers 3000 BP : en Europe, l'aridité progresse en Méditerranée, des conditions peu clémentes mais qui vont de pair avec une pluviométrie plus abondante sur le pourtour méditerranéen malgré des hivers froids ;*
- *Le réchauffement médiéval débute après le règne de Charlemagne. Il s'étend du IXe au XIIe siècle. Plusieurs indicateurs caractérisent cette période de « douceur ». Les isotopes de l'oxygène des glaces du Groenland témoignent d'un réchauffement (Crawley, 2000, p.43).*

Mais l'on doit noter que les changements qu'ont connu les climats du passé avaient des causes particulièrement naturelles. Par causes naturelles, il faut entendre par exemple :

- *Perturbations externes à la terre*

- *Modifications de l'orbite terrestre*
- *Activités solaires et volcaniques*
- *Modifications de la composition atmosphérique*
- *Etc.*

Durant le paléolithique et le néolithique, l'homme a existé. D'abord prédateur qui se nourrissait de cueillette et de chasse, il inventa par la suite le feu et les activités telles que l'agriculture et l'élevage ; notamment au néolithique. Mais ces activités anthropiques ont eu des effets fondamentalement négligeables sur le climat pour provoquer un changement.

2.3-Les facteurs environnementaux du réchauffement climatique

De nos jours, les facteurs de péjoration du climat sont de deux ordres. Certes naturels, mais la dimension anthropique occupe une place de choix. Les facteurs anthropiques influencent les facteurs environnementaux de péjoration du climat. Parmi ces facteurs environnementaux hybrides, l'on cite :

la déshydratation de l'atmosphère
la désozonisation de l'atmosphère
la régulation naturelle lente

2.3.1-La déshydratation progressive de l'atmosphère

Les émissions massives, d'origine anthropique, de gaz à effet de serre sont en faveur du réchauffement de l'atmosphère. En effet, toutes ces émissions ne font que renforcer ses pouvoirs réchauffants. En contrepartie, les gaz de refroidissement émis dans l'atmosphère sont rares. Même la vapeur d'eau en l'espèce en tant que gaz est rangé du côté des éléments qui réchauffent. Pire, il y a plusieurs composantes en faveur du réchauffement et au détriment du refroidissement. Ainsi, l'atmosphère voit son pouvoir refroidissant s'amenuiser progressivement.

2.3.2-La désozonisation de l'atmosphère

La destruction progressive de l'ozonosphère apparaît comme un facteur essentiel de la péjoration climatique. Cette couche protectrice de la biosphère est en train de couler progressivement (figure 11). Cela contribue à l'amenuisement du bon fonctionnement de l'atmosphère. Cette situation est à l'origine de nombreuses déconvenues sur les êtres vivants à la surface de la terre. Nous en développons dans les chapitres à venir.

Figure 11 : Écoulement de l'ozonosphère de la terre sous le poids des émissions des gaz à effet de serre d'origine anthropique

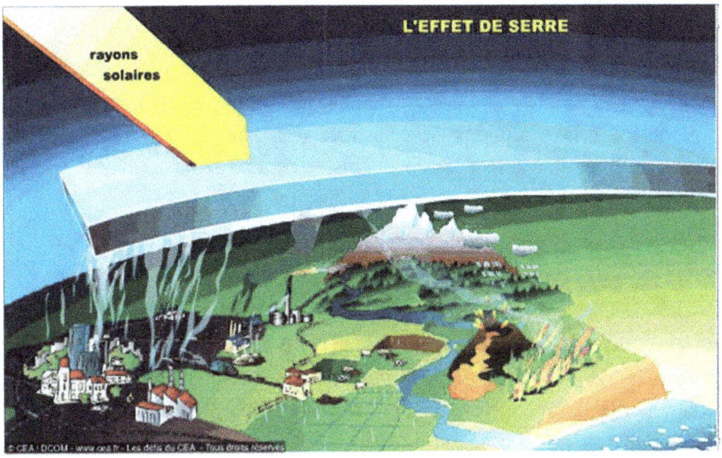

Source : www.notre-planete.info

2.3.3-La lente régulation de la nature

Des mécanismes naturels de régulation qui ralentissent la montée menaçante du CO_2 atmosphérique sont de nos jours dépassés. En effet, la moitié du CO_2 émis dans l'atmosphère est absorbée par certains réservoirs naturels. Ce sont entre autres les océans ; les lacs, les étangs, les fleuves, les rivières ; ... et surtout la végétation dont les forêts qui échangent le CO_2 avec l'atmosphère. Mais ces échanges sont relativement lents dans la régulation de nos jours en raison d'un forçage radiatif positif très élevé et accéléré. Aujourd'hui, les émissions de gaz à effet de serre ont un rythme accéléré. Les processus naturels de régulation ne sont pas assez rapides pour faire face aux activités humaines et absorber à mesure les quantités de CO_2 introduites dans l'atmosphère. La moitié de l'excès d'origine artificielle reste donc dans l'atmosphère.

Les facteurs anthropiques du réchauffement du climat s'expliquent par les émissions massives de gaz à effet de serre. Ce réchauffement à l'échelle mondiale est majoritairement dû à la consommation de combustibles fossiles et à l'augmentation de concentration atmosphérique des principaux gaz à effet de serre tels que : CO_2, CH_4 et N_2O. Depuis le début du XXè siècle, il y a une accélération de cette augmentation. Les gaz à effet de serre présents naturellement dans l'atmosphère sont principalement :

- la vapeur d'eau (H_2O) qui se forme par évaporation depuis le sol, les plantes, les cours d'eau, les océans, etc.
- le gaz carbonique (CO_2) émis par exemple par la respiration humaine et animale, la décomposition d'un corps mort ou lors, d'une incinération, d'un incendie de forêt, etc.
- le méthane (CH_4) émis principalement par les décompositions biologiques dans les zones humides (marais, forêts tropicales,...) et la digestion des animaux (en particulier les ruminants et les termites).
- le protoxyde d'azote (N_2O) émis par les océans et les sols.

Depuis donc l'avènement de la machine dans les activités de l'homme, son impact sur le climat a pris une proportion importante. Avec la machine, l'homme ne se limite plus à sa subsistance. La monétarisation de l'économie a augmenté les ambitions humaines. Ainsi, on ne cultive plus pour sa propre consommation. Mais la question de surplus a empli les ambitions. Dès lors, à l'origine du malaise environnemental et climatique, il y a la surproduction et la surconsommation pour l'économie marchande. La force humaine étant dépassée, seule la machine ne peut surproduire. Mais cette machine fonctionne avec des énergies fossiles ; celles qui émettent du gaz carbonique artificiel dans l'atmosphère au cours de son fonctionnement. Le cycle du carbone explique mieux la question des énergies fossiles. En effet, ce cycle indique le processus de libération du dioxyde de carbone (CO_2) qui est d'abord capté par l'arbre vivant à la faveur de la photosynthèse pour sa croissance. L'arbre conserve en lui ce CO_2 même mort comme bois de chauffe. Il ne le libérera que pendant sa combustion. C'est dire que l'énergie fossile est à base de bois mort (figure 12).

Figure 12 : Cycle du carbone

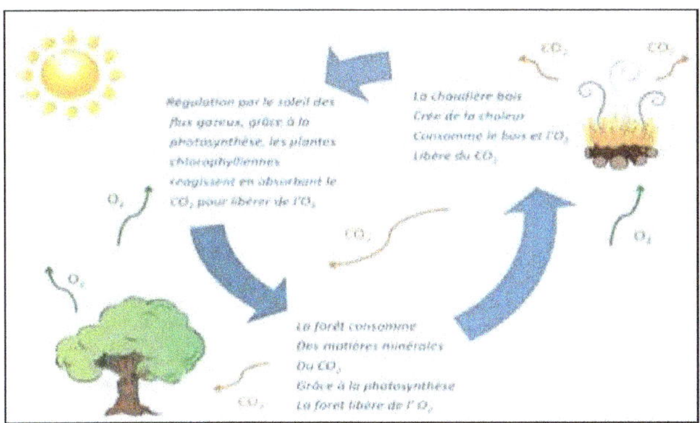

Source : www.notre-planete.info

Parmi ces combustibles fossiles, l'on cite le charbon, le pétrole, le gaz naturel et le bois. Voilà dans le tableau 1, la quantité de CO_2 émise par ces différents combustibles.

Tableau 1 : Émission de CO_2 suivant le combustible fossile

Combustible fossile	Charbon	Pétrole	Gaz naturel	Bois
Emission de CO_2/Kwh	0,33	0,275	0,19	0,41

Source : F. MEUNIER (2005, p.45)

À côté du CO_2, plusieurs autres substances chimiques sont introduites dans l'atmosphère. Ce sont par exemple le méthane, le dioxyde de soufre, les chlorofluorocarbures (CFC), les hydrofluorocarbures (HFC), etc. Même émise en quantité peu élevée, le méthane a une forte capacité de réchauffement que le CO_2. Les nombreuses activités anthropiques, notamment celles qui nécessitent des émissions de substances chimiques polluantes dans l'atmosphère, contribuent au renforcement de l'effet de serre. En fait, les substances chimiques émises ont toutes pour rôle de réchauffer l'atmosphère. Les émissions ont multiplié le nombre de substances chimiques réchauffantes de l'atmosphère par million au détriment de celles qui la refroidissent (figure 13).

L'effet de serre est l'échange d'énergie entre le soleil et la terre dans lequel la terre surchauffée émet une énergie infrarouge (plus chaude que l'énergie solaire) qui malheureusement restera piégée à 95% dans l'atmosphère.

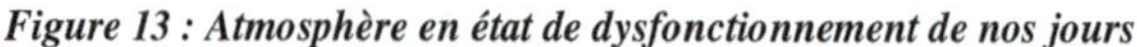

Figure 13 : Atmosphère en état de dysfonctionnement de nos jours

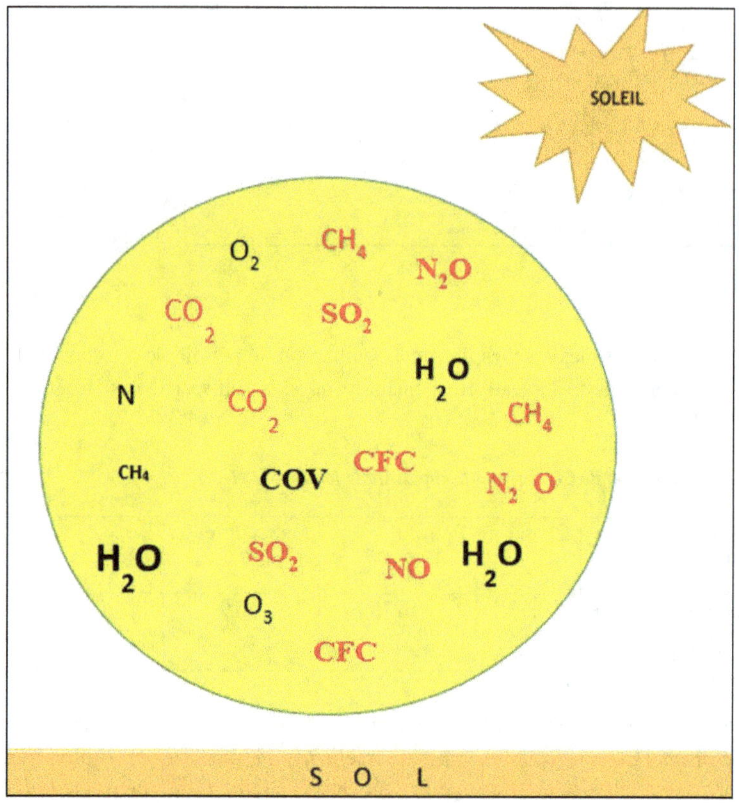

Les études prospectives en l'état actuel ne prédisent pas un changement climatique positif. En effet, les activités anthropiques se multiplient et s'intensifient. En revanche les mesures d'atténuation des effets pervers du climat sont encore inefficaces sur le terrain même si les discours politiques et diplomatiques ont tendance à s'intensifier de nos jours. Pendant ce temps, la planète terre continue de s'atrophier sous le poids d'un climat en pleine mutation. Cette mutation est malheureusement une intensification de la péjoration. Le réchauffement climatique actuel est encore moyen. L'état supérieur interviendra dans les siècles et millénaire à venir. Il nous réserve une planète complètement "rouge" si les mesures d'atténuation concrètes et rigoureuses ne suivent pas. Ce sera une atmosphère avec une forte concentration d'éléments chimiques réchauffants dominés en taux de CO_2 par rapport aux autres éléments. Ce sera donc une planète presqu'invivable à cause de la chaleur comme le montre la figure 14. En effet, le taux de chaleur présentement observé se verra multiplier par trois ou quatre.

Figure 14 : Atmosphère à l'horizon 2100 en état de dysfonctionnement avancé

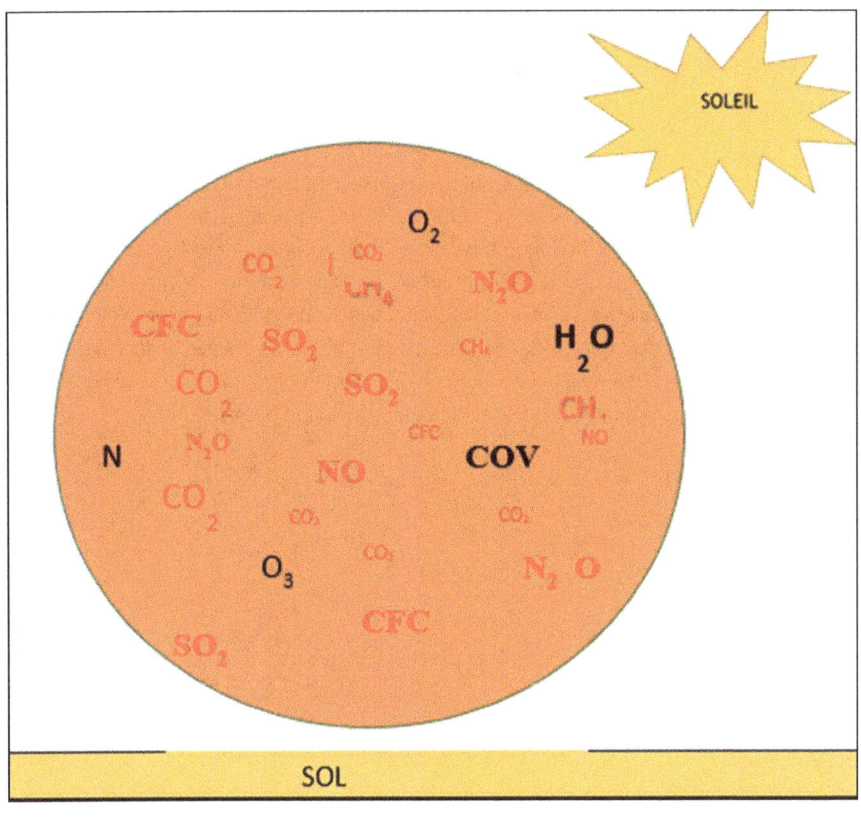

Conclusion

Le changement climatique est un phénomène mondial et non régional ou local. Le climat planétaire change à la fois partout et de façon homogène. Il n'est pas possible d'observer des contrées géographiques de la planète où le changement se traduit par un réchauffement et ailleurs par un refroidissement.

Les climats de la terre sont dans une dynamique de perpétuelles fluctuations. Ces fluctuations incessantes et prolongées dans le temps finissent par provoquer une cassure à grande échelle qu'est le changement climatique. Que ce soient les actions des hommes sur les climats ou pas, le changement climatique a toujours eu lieu et aura toujours lieu. Mais hélas, le changement climatique futur risque d'être une autre phase de réchauffement plus vif que ce qui est observé de nos jours si les mesures d'atténuation ne produisent pas de résultats probants. Dans le cours normal de la vie, il n'y a jamais de réalité qui soit éternellement statique et finie. Les activités des hommes n'ont fait que dénaturer le phénomène de changement du climat. Il n'est donc plus un fait naturel et normal. Cependant, d'un point de la terre à un autre, les facteurs et les impacts du phénomène peuvent varier. Voilà pourquoi, pour ce phénomène unique, les facteurs du changement climatique et ses impacts en Côte d'Ivoire peuvent être différents de ceux de la Roumanie, du Panama, du Groenland ou de l'Arabie Saoudite.

CHAPITRE 3 : Les principaux facteurs du malaise climatique en Côte d'Ivoire

Introduction

La Côte d'Ivoire a été indépendante en 1960. Contrairement aux vieux pays comme ceux d'Europe, elle constitue encore un vaste chantier de développement. Les causes de dégradation de l'environnement y restent par conséquent nombreuses. La conscience environnementale ; celle qui accorde une importance capitale à la préservation de l'environnement, est encore en veilleuse chez la majorité des populations. En effet, beaucoup de personnes ignorent encore de nos jours que le climat est ce bien public qui augmente l'espérance de vie. Vivre dans un environnement saint et propre prolonge la vie de la biosphère toute entière. Pour la plupart des habitants de la Côte d'Ivoire et de toute la planète, le confort se résume au bien-être social et économique. Le bien-être environnemental n'est pas une priorité ; pire, il reste ignoré.

Ainsi, le colonisateur dans un souci d'exploitation des richesses territoriales a fait des prospections dans plusieurs secteurs de l'économie, notamment l'arboriculture dans le Sud forestier et les mines dans les régions de savanes septentrionales. Des infrastructures ont ainsi été créées de l'interland vers le port d'Abidjan pour faciliter l'écoulement des produits d'exploitation.

Après son indépendance, la Côte d'Ivoire a développé ces acquis coloniaux pour son développement économique avec l'arboriculture et l'exportation d'agrumes de bois comme pilier. Mais en Côte d'Ivoire, c'est le Sud forestier qui se prête mieux à de telles activités. Cet héritage agricole colonial reposait sur le trinôme café-cacao-bois. De nouvelles spéculations agricoles telles que le palmier à huile et l'hévéa ont été également développées. Dans le Centre et le Nord de savane, la culture du coton et du riz ont été développées par l'Etat. L'exploitation de mines vont compléter ces produits dans ces régions. Ce sont notamment l'exploitation de diamant à Séguéla et à Tortiya depuis l'ère coloniale. Les mines d'or étaient encore en veilleuse même si elles connaissent aujourd'hui un essor et une forte expansion dans le pays.

En Côte d'Ivoire, les activités économiques développées sont dans l'ensemble nocives à l'environnement. Nous nous limiterons au cas spécifique de trois d'entre elles : *déforestation, agriculture et transport.*

3.1-La déforestation /L'agriculture et le climat en Côte d'Ivoire

La déforestation et l'agriculture sont deux activités fortement liées quant à leurs impacts sur le climat. Cependant, dans les émissions de gaz à effet de serre, les différents gaz émis font parfois la différence.

3.1.1-La déforestation et le climat en Côte d'Ivoire

Le couvert forestier fournit de nombreux services écologiques et sociaux. Les services écologiques rendus par le couvert forestier sont liés aux cycles biochimiques qui s'y déroulent. En plus d'être un habitat pour la biodiversité, la forêt contribue à maintenir la richesse des sols, participe au recyclage de l'eau de pluie par l'évapotranspiration et à la purification de l'air à partir de la photosynthèse au cours de laquelle elle rejette l'oxygène et absorbe le gaz carbonique. Ces échanges ont lieu grâce à sa fonction chlorophyllienne. La forêt constitue aussi une barrière naturelle face à l'érosion des sols dues aux fortes pluies.

En dépit de ces nombreuses fonctionnalités de la forêt, en Côte d'Ivoire, selon le ministère des Eaux et Forêts (2022), le taux de destruction des surfaces forestières a atteint 26 000 hectares par an entre 2019 et 2021. Il s'agit d'un niveau de plus de dix (10) fois inférieure à l'étendue du défrichement observée entre 1990 et 2015 qui s'estimait à 300 000 hectares. L'annonce du gouvernement intervient une semaine après la publication, par l'ONG américaine Mighty Earth, d'un nouveau rapport pointant du doigt une accélération de la déforestation chez les deux principaux fournisseurs de cacao dans le monde.

Tout compte fait, le recul des aires forestières en Côte d'Ivoire reste une réalité incontestable. Face au climat, la situation est alarmante. En effet, le cycle du carbone a montré le rôle indispensable de l'arbre dans l'épuration du CO_2 dans l'atmosphère. L'arbre et les fonds marins constituent des réservoirs d'enfouissement du dioxyde de carbone. Raison pour laquelle, le planting d'arbre a été toujours conseillé comme stratégie de lutte contre le réchauffement du climat. Même si les espèces floristiques n'ont pas la même capacité d'absorption du CO_2, une forêt regorge à la fois de plusieurs espèces les unes gourmandes que les autres dans l'absorption du carbone. Aux premières heures de l'indépendance en 1960, la Côte d'Ivoire disposait de plus de quinze millions d'hectares de forêt. Aujourd'hui, en 2023, l'estimation vacille autour de quelques milliers d'hectares. À titre d'exemple, suivons l'évolution du couvert forestier dans la commune de Bouaké, une localité située dans la zone préforestière du pays (tableau 2).

Tableau 2 : Évaluation de la superficie forestière dans la commune de Bouaké (1989-2060)

Années	1989	1999	2014	2024	2034	2044	2054	2060
Superficie des forêts (Km²)	51,78	14,68	5,71	2,87	1,44	0,72	0,36	0,23

Source : Sodefor, 2015

Si l'exploitation des forêts dans la commune de Bouaké continue à ce rythme, jusqu'en 2044 déjà, l'évolution de la couverture forestière atteindra 0 Km², soit 72 ha. Cependant au vu de sa régression rapide, la forêt autour de Bouaké pourrait bien disparaitre avant cette date. Cela veut dire que la forêt dans cette commune tend vers un péril certain. Cette réalité reste identique à la situation de la forêt sur toute l'étendue du territoire national ivoirien. Si dans la zone préforestière, le rythme de destruction connaît une telle allure, dans la zone de forêt dense où la pression foncière est deux fois plus forte en raison de l'économie de plantation, le rythme de destruction est encore plus accéléré. Le lien entre la déforestation et la péjoration du climat dans un espace géographique reste significatif. En effet, l'arbre absorbe le dioxyde de carbone. Or, la crise climatique actuelle tant décriée est bien celle du surplus du taux de CO_2 dans l'atmosphère. Sans couverture arboricole, le rayonnement solaire atteint directement la surface du sol. Cela engendre l'émission de l'énergie infrarouge de la part de celle-ci. L'infrarouge est une énergie encore plus chaude qui augmentera davantage la chaleur atmosphérique. La figure 15 indique bien la proportion de chaleur émise par le soleil d'une part (jaune) et un sol nu d'autre part (rouge).

Source : www.notre-planete.info

De surcroît, un sol nu favorise davantage la circulation de particules solides ou liquides dans l'air. Les particules en suspension dans l'air, aérosols (lithométéores hydrométéores), présentent une vitesse de chute négligeable. Minérales ou organiques, composées de matières vivantes (pollens...) ou non, grosses ou fines, les particules en suspension constituent un ensemble extrêmement hétérogène de polluants dont la taille varie de quelques dixièmes de nanomètres à une centaine de micromètres (Y. VEYRET, 2007, p. 91). La prolifération d'aérosols dans l'air apparaît comme une conséquence de la déforestation.

3.1.2-L'agriculture et le climat en Côte d'Ivoire

L'agriculture est le poumon de l'économie ivoirienne. Le secteur agricole représente en 2018, 28% du **PIB** de la Côte d'Ivoire et 40% des exportations du pays (dont 56% en 2012), 62% hors pétrole. La population ivoirienne se partage entre 12,6 millions d'urbains et 12,3 millions de ruraux. Le secteur agricole emploie 46% des actifs et fait vivre les deux tiers de la population (Banque mondiale, 2022, P.13). La Côte d'Ivoire est le premier producteur mondial de cacao, le 5e producteur mondial de noix de cajou, le 2e producteur africain d'huile de palme, le 7e producteur mondial de caoutchouc naturel (1er producteur africain), le 4e producteur africain de coton, etc.... La Côte d'Ivoire partage, avec le Cameroun, la première place des pays africains exportateurs de banane, et en est le 13e exportateur mondial, selon la même source sus-mentionnée. Ces chiffres sont éloquents. Mais malheureusement cette noble activité, héritage de nos ancêtres n'utilise pas les moyens conventionnels dans le souci de préserver durablement l'environnement. Dans la commune de Bouaké (zone préforestière du pays), l'activité agricole constitue le poumon économique des populations rurales. En vue d'améliorer les rendements, la culture itinérante sur brûlis est le système de culture par excellence des populations. Le Centre baoulé de la Côte d'Ivoire a un régime alimentaire traditionnel basé sur l'igname. Cette culture exige la colonisation de nouvelles terres chaque année pour les espèces précoces, par exemple (Photo 1).

Photo 1 : Colonisation de nouvelles terres pour la culture d'igname à Ahua/ Dimbokro

Source : K.A. Kouadio, 2021

De ce fait, ce sont de nouvelles terres qui sont colonisées et défrichées chaque année. Dès lors, l'utilisation du feu reste en milieu rural, l'option de choix de fertilisation naturelle du sol accessible à tous les paysans et à moindre coût. La culture sur brûlis est une pratique courante. Aussi le brûlis n'est-il pas une technique de défrichement au sens strict. En réalité, les parcelles sont défrichées avant l'intervention du feu. C'est une forme complémentaire de nettoyage de la parcelle à mettre en valeur, mais aussi et surtout une technique de fertilisation. Parfois ces feux débordent pour donner forme aux feux de brousse ; brûlant ainsi des hectares de forêts ou de savanes. Avec un climat de plus en plus chaud, le sol se durcit et devient compact. Selon F. Meunier (2005, P. 44), le feu de brousse contribue au réchauffement du climat à hauteur de 20%. La fumée est enrichie en plusieurs composantes toxiques pour l'environnement. Ce sont entre autres le méthane (CH₄), protoxyde d'Azote (N₂O), monoxyde d'Azote (NO), monoxyde de carbone (CO), etc. (figure 16). L'élevage apparaît comme une activité connexe de l'agriculture. L'élevage, notamment celle des ruminants enrichit l'atmosphère en CH₄ par les beuglements de ces espèces qui émettent assez de gaz.

Figure 16 : Émissions de gaz à effet de serre par les activités agricoles

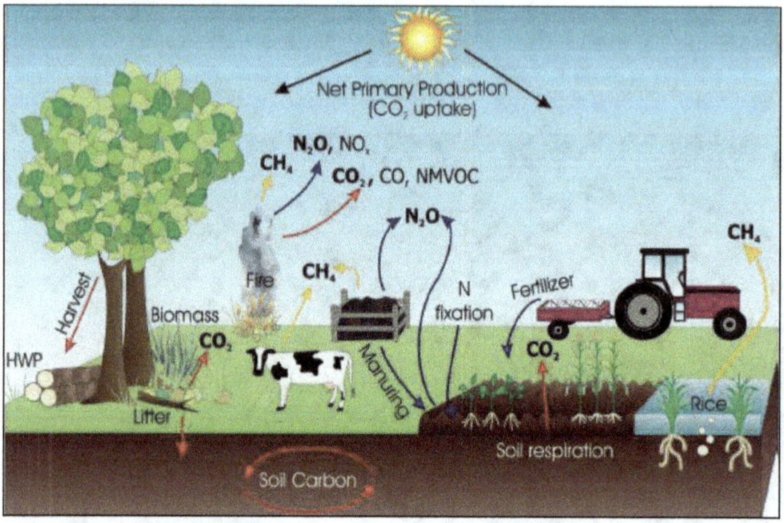

Source : www.notre-planete.info

Les défrichements et les brûlis liés à l'activité agricole causent des dommages, accélérant par conséquent le processus de dégradation du couvert végétal (planche 2). Cela conduit à la dégradation rapide des sols. D'où la baisse de leur fertilité. Ces sols deviennent par conséquent impropres à l'agriculture. Les systèmes agricoles inadaptées contribuent efficacement à la disparition des espèces et sous-espèces végétales. Ils ont des répercussions sur les écosystèmes. Elles compromettent l'intégrité des végétaux selon des modalités qui sont encore loin d'être appréhendées. De plus en plus, elles réduisent la capacité de l'environnement à réguler la qualité des eaux et des sols. Mais aussi ce sont des sources précieuses d'alimentation et de matières premières qui disparaissent pour les populations locales, sans ignorer qu'elles sont des valeurs culturelles et spirituelles irremplaçables. Les répercussions de l'évolution du climat sur les espèces végétales sont donc réelles. Le phénomène d'extinction des végétaux est plus accentué dans les régions ivoiriennes par l'introduction d'espèces étrangères envahissantes. Ces espèces sont introduites accidentellement ou délibérément et sont affranchies de leurs prédateurs naturels ou d'autres limitations que la nature impose à la croissance de leur population. Elles sont de ce fait en mesure de dominer des communautés végétales en s'appropriant l'espace, la lumière, les nutriments des espèces indigènes ou en recourant à la prédation. C'est par exemple le cas de *Pennisetum* ou herbe à éléphant qui envahit les espèces indigènes sur les parcelles agricoles mises en jachères (B.I. DIOMANDE, 2011, p 145). Cette situation s'observe beaucoup dans les zones de forêt du Sud et de savanes au Centre et au Nord de la Côte d'Ivoire.

Planche 2 : Extinction d'espèces végétales par brûlis à Ourossaniso dans le Woroba

Source : B.I.DIOMANDE, 2011

Mais l'extinction d'espèces végétales est aussi accélérée par certains faits humains sur la nature. C'est le cas de la culture sur brûlis, du déboisement et des feux de brousse qui entraînent une destruction systématique d'espèces adultes ou jeunes. Ces pratiques renforcent le phénomène d'extinction des espèces végétales et sont nocives au climax.

Outre l'activité agricole et la déforestation, il faut citer d'autres activités connexes. C'est le cas de l'exploitation minière qui certes un héritage colonial, mais connaît de nos jours, un essor considérable en Côte d'Ivoire. Durant la colonisation, des sociétés minières, notamment de diamant étaient bien connues à l'instar de SODIAMCI, WANSHINGTON, etc. dans la région de Worodougou. Le chiffre d'affaires déclaré par l'ensemble des sociétés d'exploitation du secteur minier est passé de 761,995 milliards de FCFA en 2019 à 988,793 milliards de francs CFA en 2020, soit un taux de progression de 29,76%. En 2020, les recettes fiscales issues de l'activité minière se chiffrent à 127,804 milliards de FCFA contre 94,562 milliards de FCFA en 2019 ; soit une hausse de 35,15%. Selon les prévisions, la part au PIB du secteur minier ivoirien s'estime à 4% (rapport final du ministère des Mines et de la géologie, 2020, p. 4).

Mais le secteur minier a un impact environnemental considérable. L'activité dans sa dimension traditionnelle exige la perforation de puits profonds et parfois de dimension impressionnante comme le montre ici la photo 2. Ces immenses profondeurs ne donnent aucune chance à la régénération de la végétation sur ces espaces exploités.

Photo 2 : Destruction des sols par l'exploitation artisanale de diamant à Diarabana

Source : B.I. DIOMANDE, 2011

À la parcelle d'exploitation de diamant du « Tiéforo » (Diarabana/Séguéla), les profondeurs excèdent parfois 30 mètres (B.I. DIOMANDE, 2011, p.143).

3.2-Le transport et le climat en Côte d'Ivoire

Le secteur du transport en Côte d'Ivoire est très varié et dynamique. Outre les voies aériennes, maritimes et ferroviaires, le transport routier occupe une place de choix dans le paysage économique ivoirien. Le dynamisme de ce secteur rythme avec la croissance de la population, notamment urbaine en Côte d'Ivoire. L'on note avec des sources de la banque mondiale (2020) que ce pays est l'un des plus urbanisés d'Afrique subsaharienne et la région du Grand Abidjan en est le moteur de la croissance à l'échelle du pays. Plus de la moitié (56 %) de la population ivoirienne vit dans les centres urbains. L''urbanisation augmente de 5 % par an, avec toutefois, une forte disparité spatiale entre l'Agglomération du Grand Abidjan (AGA) et les autres villes.

Selon E. K. Yao (2015, p. 76), l'AGA compte environ huit millions d'habitants, soit 42 % de la population urbaine du pays. Malheureusement, ce secteur connaît un véritable dysfonctionnement. Cela peut s'expliquer par sa mauvaise organisation. On note une forte implication de l'artisanat dans le transport. Au niveau du transport urbain par exemple, les transports formels sont principalement assurés par la SOTRA, qui exploite plus de 68 lignes avec un parc d'environ 800 bus dans la ville d'Abidjan, précise le même auteur sus-mentionné. C'est à partir de l'année 2022, en faveur des préparatifs de la coupe d'Afrique des nations de 2023 qu'elle a ouvert des lignes dans quatre autres villes secondaires du pays (Bouaké, Yamoussoukro, Korhogo et San-Pédro). Les transports artisanaux sont opérés par des minibus ou « Gbâkâs » à Abidjan et à Bouaké uniquement avec environ 5 500 véhicules à Abidjan ; des taxis collectifs communaux et intercommunaux « wôrô-wôrôs » plus de 12 000 à Abidjan ; d'autres taxis-environ 11 300 à Abidjan (E. K. Yao, 2015, p. 77). S'y ajoutent des motos-taxis et tricycles en forte croissance depuis l'avènement des crises socio-politiques, dans les villes secondaires avec une part importante à Bouaké et dans la zone nord du pays, selon la même source ci-dessus mentionnée/. Le transport inter-urbain de personnes restent également dynamique. Plusieurs lignes sont ouvertes entre différentes villes du pays. Mais les flux les plus importants restent généralement les lignes d'Abidjan vers les autres villes. Autrefois assurés que par les minibus, les cars ultra-modernes en sont aujourd'hui les principaux opérateurs. Le transport de marchandises n'est pas à négliger en Côte d'Ivoire. Il occupe également une place de choix dans l'économie du pays. Des flux importants sont à noter entre les différentes villes du pays pour le transport des produits vivriers. Mais les flux les plus importants sont les lignes qui joignent les ports d'Abidjan et de San-Pédro et l'intérieur du pays ou les pays de l'interland ouest-africains tels que le Burkina Faso, le Mali et le Niger.

En comparaison de la moyenne des émissions mondiales de CO_2, les émissions de gaz à effet de serre dans l'atmosphère opérés par le secteur du transport en Côte d'Ivoire restent encore bas (0,1 tonne de CO_2/an/habitant) selon le Ministère de l'Environnement et du développement Durable (2015). Mais d'après la même source, il importe de noter que, ce secteur occupe la troisième place des secteurs émetteurs de CO_2, avec 2. 389,36 kilotonnes de CO_2 / an/ habitant en 2012 après respectivement les secteurs agricoles (6.140,80) et de production d'électricité (3.442, 63). Les émissions de CO_2 dans l'atmosphère des transports en Côte d'Ivoire sont estimées à environ 4, 3% par an de 2012 à ce jour. Et ces émissions pourraient augmenter de 25% entre 2012 et 2030. Ainsi, ces émissions passeraient de 2 389,36 kilotonnes de CO_2 équivalent ($ktCO_2$) en 2012 à 6 441,27 en 2030, soit un taux de croissance moyen de 5,7 % par an. Les émissions de GES du transport routier ont presque triplé entre 2005 et 2016 (tableau 3).

Tableau 3 : Émissions de CO_2 par secteur d'activité en Côte d'Ivoire en 2012

Secteur d'activité	Quantité des émissions de GES (kt CO_2)/an
Agriculture	6.140,80
Production d'électricité	3.442,63
Transport	2.389;36
Déchets	1.582,08
Industrie	1.000,81
Approvisionnement en énergie	781,64
Bâtiments	627,03

Source : Adapté du Ministère de L'Environnement et du Développement Durable, 2015

En Côte d'Ivoire, le système de véhicules particuliers connaît un véritable développement. Cela s'explique en partie par les difficultés de déplacement des urbains dans les transports en commun. Le seul moyen de transport formel qu'est la SOTRA montre des limites dans le transport des Abidjanais avec les longs fils d'attente, le surcharge des bus, leur difficulté de circulation à cause des embouteillages fréquents, etc. Les transports artisanaux posent beaucoup de problèmes aux usagers : l'inconfort, les accidents, l'incivisme des apprentis et des chauffeurs, l'irrégularité des prix de transport qui peuvent varier selon des heures de la journée ou selon des circonstances... Pour toutes ces raisons, chaque Abidjanais, de classe supérieure, moyenne voire inférieure préfère s'octroyer un véhicule personnel pour faciliter son déplacement dans la ville.

Les émissions de gaz à effet de serre dans le secteur de transport en Côte d'Ivoire sont consécutives à la vétusté des moyens de transport artisanaux. Les "wôrô-wôrôs" et les "Gbakas" dont la moyenne d'âge varie entre trente et quarante ans abondent le secteur (Planche 3). Or, selon F. MEUNIER (2005, p. 23), une vielle automobile émet neuf (9) fois plus de CO_2 dans l'atmosphère qu'une automobile neuve. D'où la réduction de l'âge des automobiles importées en Côte d'Ivoire apparaît d'ores et déjà comme une stratégie d'atténuation importante des émissions de CO_2. De surcroît, le parc automobile est beaucoup fourni. Les véhicules particuliers ne sont pas à négliger dans les émissions de CO_2 dans ce pays. Pire, la plupart (90%) des véhicules de transport utilisent le diésel (carburant à plomb). De nos jours, l'ensemble des automobiles en Côte d'Ivoire fonctionne, sans risque de nous tromper, avec des énergies fossiles (Essence, Gasoil, Gaz naturel ou gaz butane). Ces énergies, toutes d'origine fossile, émettent assez de CO_2 dans l'atmosphère.

Planche 3 : : Émission de CO_2 dans l'atmosphère par les transports publics et privés

Source : B.I. DIOMANDE, 2014

Dans les villes secondaires comme Bouaké, la qualité des véhicules artisanaux (les gbakas) est médiocre. Les gbakas sont fortement concurrencés par les motos-taxis depuis la fin de la crise socio-politique entre 2002 et 2010 (planche 4). Mais depuis l'année 2022, le transport urbain dans cette ville s'améliore de plus en plus avec l'avènement des autobus de la SOTRA et des taxis (IVOIRE-TAXI ET YANGO).

Source : B.I. DIOMANDE, 2014

3.3-Les autres secteurs non négligeables dans les émissions de gaz à effet de serre

En Côte d'Ivoire, d'autres secteurs sont à incriminer dans les émissions de gaz à effet de serre dans l'atmosphère. Il s'agit notamment des déchets sous différente (1.582,08 kilotonnes de CO_2/an), des industries (1.000,81 kilotonnes de CO_2/an) et l'approvisionnement en énergie (781,64 kilotonnes de CO_2/an) et les bâtiments (627,03 kilotonnes de CO_2/an) selon le ministère de l'environnement et du développement durable (2022). Dans la production d'électricité, la Côte d'Ivoire dispose de quatre sources d'énergie primaire : le pétrole, l'hydroélectricité, le gaz naturel et la biomasse, selon la même source L'approvisionnement en énergie primaire en 2009 se totalisait à 11,6 millions de tonnes équivalent pétrole (TEP), répartis comme suit :

- Biomasse : 17,7 millions de tonnes de bois et 111 milliers de tonnes de résidus ;
- Pétrole brut : 3,1 millions de tonne métrique ;
- Gaz naturel : 1,434 milliards de mètres cubes ;
- Hydroélectricité : 2131 GWh (SIE, Rapport 2010).

La production électrique des dix dernières années montre une prédominance de l'énergie thermique. En effet, en moyenne 67% de l'électricité est produite par les centrales thermiques. A capacité installée quasiment égale, on a 48% pour l'hydraulique et 52% pour la thermique. La production hydraulique ne représente qu'un tiers de la production totale d'électricité. Cela s'explique par la vétusté des ouvrages et par la fluctuation des apports hydrauliques (UN DP, 2012). Dans les émissions de gaz à effet de serre dans l'atmosphère, ce secteur s'illustre comme l'un des pionniers. En effet, la chaleur à très haute intensité par ailleurs polluante est au discrédit de la production d'électricité dans le taux d'émissions de gaz à effet de serre.

Les déchets en Côte d'Ivoire sont de plusieurs sources : ménagères et assimilés, industrielles, sanitaires, vertes et animales (abattoirs). Selon un rapport de GIRUS (2015), ANASSUR a fait un bilan sur le gisement d'Akouédo. Ce bilan fait état de plus d'1 033 000 tonnes de déchets ménagers et assimilés : environ 4 000 tonnes en provenance des abattoirs, plus de 20 000 tonnes venant des déchets industriels et presqu' 1 million de tonnes d'ordures ménagères ont été déchargés à Akouédo en 2014. Les déchets d'origine diversifiée ont un impact environnemental considérable sur l'étendue du territoire national et par ricochet sur l'atmosphère de la planète terrestre. Il est estimé à 1.582,08 ktCO$_2$/an.

Quoique négligé, le bâtiment-résidentiel occupe une part non négligeable dans les émissions de gaz à effet de serre en Côte d'Ivoire. En tant que pays chaud, les chaudières ne sont pas utilisées par les habitants. En contrepartie, les appareils du froid occupent de plus en plus une place de choix, notamment avec l'augmentation de la température de la terre. Ainsi, les émissions des Chlorofluocarbures (CFC) et Hydrofluocarbures (HFC) par les réfrigérateurs, les climatiseurs, etc. jouent efficacement dans la destruction de la couche stratosphérique d'ozone de l'atmosphère. De nos jours, les couches aisées et moyennes en sont de grands utilisateurs en Côte d'Ivoire.

Conclusion

La Côte d'Ivoire est une jeune nation. Mais elle connaît depuis les années 1960, une croissance socio-économique assez dynamique voire spectaculaire. Le choix de l'agriculture comme pilier de l'économie n'est pas sans conséquence sur son environnement physique. Le couvert forestier est décimé, la pression foncière reste importante sur tout le couvert végétal dans les forêts et les savanes. Par ailleurs, l'urbanisation connaît un essor considérable. Mais les infrastructures routières et autres équipements urbains jouent efficacement dans la dégradation du couvert végétal. La dégradation du sol de son côté s'accélère. Ainsi, tous ces facteurs influencent le climat local dans ce pays à travers de fortes émissions de gaz à effet de serre. Les secteurs prioritaires dans ces émissions restent l'agriculture/déforestation, la production d'électricité, le transport, les industries et les déchets produits. Les secteurs d'approvisionnement en énergie.et les bâtiments viennent en appoint de ces secteurs prioritaires.

Les principales sources d'émissions de gaz à effet de serre produisent déjà des impacts sur le climat local, régional et zonal et par ricochet sur le climat mondial. Mais la péjoration du climat a d'énormes conséquences sur le milieu naturel, la société et les activités économiques.

Chapitre 4 : Les impacts de la péjoration climatique en Côte d'Ivoire

Introduction

La Côte d'Ivoire a plus de 29 380 millions d'habitants (RGPH, 2021). Son taux de croissance démographique est de 3,8%/an. Ce taux est largement supérieur au taux moyen de croissance démographique mondial. Ce pays a fait de l'agriculture, son pilier économique. L'économie de plantation n'est pas aussi nocive au climat ; même si les forêts primaires sont dévorées. Mais les systèmes culturaux pratiqués favorisent une forte dégradation du milieu naturel. Cela a des impacts sur le climat qui connaît une péjoration de plus en plus marquée. Cette péjoration du climat a des empreintes sur les populations du point de vue biologique et socio-économique. En effet, plusieurs maladies du climat gagnent en intensité dans ce pays. Les ressources en eau ; notamment de surface sur l'étendue du territoire national sont marquées par la récession hydrologique. Les activités agricoles subissent le contrecoup de cette variabilité du climat.

Ce chapitre analyse les impacts de la péjoration du climat en Côte d'Ivoire sur le milieu naturel (biodiversité, sols et ressources en eau), la santé des populations, l'habitat et les activités agro-pastorales et halieutiques. Ces analyses sont basées sur des exemples précis d'étude menées dans certaines zones écologiques du pays. Ces études pour la plupart ont utilisé la démarche géographique basée sur la localisation, l'inventaire ou la collecte de l'information par l'observation directe, les entretiens et/ou le questionnaire. L'information est ensuite traitée statistiquement ou à l'aide de la géomatique. Il s'en suit la phase de description, d'explication, de comparaison avant la conclusion.

4.1-Les impacts de la péjoration du climat sur le milieu naturel

L'interdépendance entre les différentes composantes du milieu naturel n'est plus à démontrer dans le monde de la science. Ainsi, le climat entretient des échanges avec le couvert végétal, les sols et les ressources en eau. Ce lien étroit fait de la péjoration climatique, tributaire ou responsable du malaise de la biodiversité et des sols et des ressources en eau.

4.1.1-Les impacts de la péjoration du climat sur la biodiversité

- ### *Les impacts du climat sur la diversité végétale*

Avec les phénomènes d'évapotranspiration des plantes et celui de la photosynthèse, l'on comprend le lien indispensable que le climat a avec le couvert végétal. La péjoration du climat actuel a des répercussions sur les espèces végétales même si cela à divers niveaux. Les impacts des phénomènes climatiques sur les végétaux sont à deux niveaux. Certains effets sont matériellement observables à l'œil nu. Ce sont les agressions physiques ou matérielles comme celles occasionnées par les pluies acides et les tempêtes. Par exemple, lors d'une tempête ou une averse, les vents agissent sur les arbres. Ces actions peuvent entrainer le déracinement d'espèces ligneuses adultes ou jeunes (planche 5).

Planche 5 : Impacts matériels du climat sur le couvert végétal

Source : www.alamyimages.fr

D'autres effets sont par contre immatériels. En effet, il y a une corrélation entre la phénologie des écosystèmes et le rayonnement UVB. En raison de l'appauvrissement continu de la couche d'ozone stratosphérique, la quantité de rayonnement UVB atteignant la surface de la terre s'est accrue au cours des dernières décennies. Cela pourrait entrainer dès maintenant, en réponse à cette hausse, des modifications fondamentales dans les structures et les processus des écosystèmes actuels, tant aquatiques que terrestres.

Ces modifications sont subtiles et pourraient continuer à évoluer pendant de nombreuses années jusqu'à ce qu'un nouvel équilibre soit établi. Même si des mesures correctives pouvaient stopper dès aujourd'hui l'accroissement des niveaux ambiants d'UVB, les écosystèmes continueraient à s'ajuster pendant encore plusieurs décennies. Les préoccupations quant à la hausse des niveaux d'UVB sont liées non seulement aux augmentations absolues des niveaux ambiants, mais aussi aux pointes qui pourraient survenir à des stades critiques du cycle de vie de certains organismes. Bien que nombre de ceux-ci aient développé des mécanismes de défense pour se protéger contre ces fluctuations, les stades de l'œuf et de la larve de certaines espèces peuvent être particulièrement vulnérables aux effets des pointes d'UVB (Gouvernement-canada, 1997, p. 99). Les forêts sont dynamiques et continuellement soumises à un ensemble complexe et variable de stress naturels et anthropiques. Dans les pays à législation rigoureuse sur la protection de la forêt comme le Canada, les forêts sont plus menacées par deux phénomènes naturels majeurs. Ce sont le changement climatique avec son taux de chaleur et l'augmentation des niveaux de rayonnement UVB à l'échelle planétaire. Mais en Côte d'Ivoire, les actions anthropiques prennent le pas sur les phénomènes naturels. Plusieurs études ont été menées à divers niveaux sur l'impact du climat sur les végétaux dans le monde. C'est par exemple le cas de Bavcon et al. (1996) cités par Gouvernement-canada (1997, p.22) qui ont étudié sur une période de deux ans, l'influence des UVB sur la photosynthèse dans des semis d'épicéa commun (*Piceaabies* [L.] Karst.). Ils en ont conclu que les niveaux accrus de rayonnement UVB étaient extrêmement élevés (17,7 ou 28 kJ·m^{-2} pendant 8 heures) par rapport au maxima que pourrait entraîner l'appauvrissement de la couche d'ozone. Selon eux, la température apparaît comme un co-facteur des rayons UVB car au cours du deuxième hiver, on a observé des effets synergiques entre les basses températures et les niveaux accrus d'UVB. Les concentrations de chlorophylle étaient inférieures chez les aiguilles d'un et deux ans exposées à des niveaux accrus d'UVB. On a noté chez les plantes traitées, une diminution avec la baisse de la température de l'efficacité photochimique, de l'indice de vitalité et de l'activité de la photosynthèse qui entraînait un vieillissement précoce des aiguilles.

Par ailleurs, les rayons UV-B ont des effets sur la croissance et la biomasse des arbres. En effet, J. H SULLIVAN et A. H. TERAMURA (1988, pp-225-230) ont examiné l'effet des rayons UVB sur la croissance des semis de pinaceae pendant vingt-deux (22) semaines avec une dose quotidienne de 0, 12,4 ou19,1 kJ·m^{-2} d'UVB à action biologique. Après plusieurs expériences effectuées, les auteurs en ont conclu que l'appauvrissement continu de l'ozone aurait des effets sur la productivité commerciale des principales espèces exploitées. C'est donc dire que les rayons UVB ont bien une influence sur la qualité et l'abondance de la biomasse des arbres.

De surcroît, il existe une interaction entre les rayons UVB et les concentrations accrues de CO_2 dans l'atmosphère. Cette interaction négative n'est également pas sans conséquence sur le couvert végétal. Des études effectuées par des auteurs tels que J. D STEWART et J. HODDINOTT (1993, pp. 493-500), R. YAKIMCHUCK et J. HODDINOTT (1994, pp. 413-468) et de J.H. SULLIVAN ET A.H. TERAMURA (1994, pp 225-230) sur l'incompatibilité UV-B/CO_2 et leur influence sur la biomasse végétale se sont avérées concluantes. Ils affirment que les concentrations accrues de dose UV-B et de CO_2 agissent sur la production foliaire et par ricochet de toute la biomasse de la plante. Tandis que la plante supporte difficilement la forte concentration d'UV-B, le CO_2 l'enrichit en matière minérale.

Ainsi de nos jours, le réchauffement climatique et environnemental qui s'accompagne de concentration de CO_2 et de dose accrue de rayonnement UV-B dans l'atmosphère reste préjudiciable à la biosphère dans son ensemble et du couvert végétal en particulier.

En Côte d'Ivoire, des auteurs ont montré que malgré la forte anthropisation des forêts ivoiriennes, l'impact des concentrations de l'atmosphère en rayon UV-B et en CO_2 contribue à l'amenuisement du couvert forestier. Ainsi, M.I. TOURE (2022, p. 68) a montré que la péjoration du climat local dans la sous-préfecture de Bouaké joue un rôle dans la disparition progressive des espèces ligneuses et sous-ligneuses des reliques de forêts de Bamoro, Kongondékro, Foro-foro et de Touro. La température a fortement été incriminée dans cette étude qui a un lien de 23% (matrice de Pearson) avec les superficies perdues de forêt.

- ***Les impacts du climat sur la diversité animale***

L'amenuisement de la flore voire sa disparition dans le temps et dans l'espace rythme avec celle de la faune. La perte d'habitat naturel se traduit par une réduction de leur étendue, par leur fragmentation ou leur changement de structure ou de caractéristiques. Certaines communautés animales ont besoin d'habitat de taille suffisante pour y trouver de l'eau et des sources alimentaires, ainsi qu'un lieu de reproduction. Selon B.I. DIOMANDE (2011, p.146), si l'étendue globale de l'habitat est réduite ou marginale, des populations de nombreuses espèces, en particulier certains grands mammifères et les prédateurs de niveau trophique supérieur, déclineront automatiquement (planche 6). Dans les régions nord-ouest de la Côte d'Ivoire, plusieurs espèces sont en voie de disparition à cause du déséquilibre écologique dû à l'évolution climatique drastique et environnementale, souligne l'auteur (planche 5).

Planche 5 : Animaux à habitat naturel menacés en Côte d'Ivoire

Source : B.I. DIOMANDE, 2011

Ainsi, toute la chaîne écologique et alimentaire est perturbée et menacée de disparition. En raison du déséquilibre environnemental, le réchauffement du climat, le manque d'eau, la concentration en rayon UVB et l'appauvrissement en ozone ont des conséquences négatives sur la plante. Elle peut en mourir. La disparition des espèces végétales constitue une crise alimentaire pour les herbivores de l'écosystème. Le prédateur qui ne vit que de chair animale aura des difficultés d'approvisionnement avec l'absence d'herbivore dans le milieu. Mais la crise alimentaire du prédateur en constitue une autre chez le bousier qui, lui se nourrit d'excréments d'animaux (figure 17).

Figure 17 : Chaîne alimentaire menacée par le déséquilibre écosystémique

Source : www.lemagdesanimaux,fr

4.1.2-Les impacts de la péjoration du climat sur les sols

Le sol dans sa structuration est défini par la façon dont les particules individuelles de sable, de limon et d'argile sont assemblées. Les particules individuelles, lorsqu'elles sont assemblées apparaissent comme des particules plus grosses. Celles-ci sont appelés "agrégats". L'agrégation des particules de sol peut exister selon différents modèles, entraînant ainsi différentes structures de sol (Dictionnaire Lexique, 2022, p.4).

Les phénomènes d'érosion d'une part et d'induration et de cuirassement de l'autre expliquent comment la pluviométrie, la température et l'ensoleillement s'invitent dans le processus de la désagrégation du sol. Les températures généralement élevées et les faibles précipitations sur les terres arides conduisent à une production médiocre de matières organiques. Pire, c'est le processus d'oxydation qui s'accélère. Selon R. MAIGNIEN (1954, p.4), la rareté des matières organiques entraîne à son tour une faible agrégation et une stabilité médiocre de ces agrégats ; d'où une forte probabilité d'érosion éolienne et hydrique. Ainsi, le climat joue un rôle prépondérant dans le phénomène de cuirassement. Le cuirassement de certains horizons dans les sols tropicaux est un phénomène beaucoup plus particulier qui intéresse essentiellement le dynamisme des hydroxydes. En milieu tropical et équatorial, les hydroxydes qui peuvent se mobiliser assez facilement, sont entraînés par les eaux de percolation et concentrés à certains niveaux dans le sol. Cela provoque souvent leur induration. La mobilisation des hydroxydes est favorisée par la gravitation. L'évaporation peut jouer en surface dans la remontée sur plusieurs mètres des quantités énormes d'hydroxydes que l'on peut observer dans certaines cuirasses. Elle explique en partie le durcissement à l'air des carapaces relatives lorsqu'elles sont mises à nu par le processus d'érosion. L'affleurement de celles-ci est dû uniquement à l'action de l'érosion qui, décapant les horizons supérieurs, a amené en surface l'horizon d'accumulation, d'après le même auteur susmentionné. L'érosion des sols apparaît elle-même comme un autre phénomène de dégradation des sols par le climat. Elle apparaît comme l'action par laquelle divers éléments constituant les horizons superficiels de la couverture pédologique sont enlevés par le vent, la pluie, les rivières .... C'est une altération de l'écorce terrestre par les agents atmosphériques (le vent, la pluie, etc.), hydrologiques ou anthropiques.

En Côte d'Ivoire, l'érodabilité des sols varie parfois selon les caractéristiques de la pluie qu'ils reçoivent. Parmi ces caractéristiques de la pluie, l'on cite entre autres la fréquence, l'intensité, le nombre de jours pluvieux, la vigueur du ruissellement et l'infiltration efficace. Des études ont été menées dans la ville d'Abidjan qui a un climat subéquatorial où l'abondance des quantités de pluie n'est pas sans conséquence sur les sols. E.J. ROOSE et F. LELONG (1971, p.369) dans leur étude sur les facteurs de l'érosion hydrique à Adiopodoumé (Abidjan) indiquent que l'agressivité du climat sur les sols est fortement liée à la durée et à l'intensité de la pluie pendant un laps de temps relativement long. Mais aussi, l'humidité antérieure du sol y joue. C'est pourquoi, selon eux, le ruissellement de l'eau de pluie à la surface du sol n'est pas non plus à négliger dans cette relation entre la pluie et la surface du sol.

W.H. WISCHMEIER et D.D. SMITH (1958, p.287) ont, quant à eux, défini un indice d'agressivité des pluies au pas de temps journalier, mensuel ou annuel. Cet indice donc a pris en compte les effets conjugués de la hauteur, de l'intensité et de la durée de la pluie. Cet indice d'agressivité reste un paramètre significatif des précipitations vis-à-vis de l'érosion. Dans l'analyse des pluviogrammes en plusieurs autres postes en Côte d'Ivoire, ces auteurs concluent qu'il existe une liaison rectilinéaire ou directe entre la hauteur des pluies journalières et cet indice "R" pour les pluies de mousson des mois de juin, juillet et août dans la zone côtière. Mais selon eux, cette liaison est curvilinéaire ou indirecte pour les pluies orageuses du reste de l'année. Or, cette liaison curvilinéaire est très voisine pour les postes aussi éloignés que Divo, Bouaké, Korhogo, ... C'est donc montrer l'importance de la durée et de l'intensité des pluies dans leur impact sur les sols.

Mais l'érodabilité d'un sol est aussi fonction de ses propriétés physiques comme la texture et la structure notamment. La résistance à l'érosion hydrique est plus faible pour les sols peu épais que pour les sols profonds (J. RYAN, 1982, p. 41). L'importance de cette dernière forme d'érosion peut varier selon les zones climatiques, la topographie du terrain et la nature des sols. Ainsi, l'étude menée par M.P GOUAMENE (2022, pp 60-72) sur l'érosion hydrique dans la commune de Cocody (Abidjan) est ici édifiante. L'étude a identifié à l'échelle de cette commune, deux grandes formes d'érosion hydrique que sont la forme aréolaire ou en nappe et la forme linéaire ou micro-chaîne. Selon l'auteure, la distribution spatiale des types d'érosion hydrique est fortement fonction de la topographie du terrain. En effet, sur les terrains à faibles pentes, là où l'inclinaison des pentes varie seulement entre 0 et 5 %, est la zone de pente faible. Ainsi à l'échelle de la commune de Cocody, les zones d'érosion en nappe sont inégalement réparties. Elles abondent la zone de M'Pouto et M'Badon. Mais on en trouve également en quantité du côté de Riviera-Palmeraie. Les zones où la dispersion de l'érosion en nappe est moyenne sont entre autres, les secteurs sud de la commune où l'on retrouve moins, ce type d'érosion dite en nappe. Deux principales variantes d'érosion hydrique ont été distinguées par l'auteure. Ce sont les ablations superficielles (ravines) et les ablations profondes ou ravinements. L'on peut donc noter que les pluies intenses à longue durée laissent de véritables séquelles sur la surface du sol. Le phénomène d'érosion des sols apparaît sous une autre forme sur la bande côtière ivoirienne. En effet, la Côte d'Ivoire dispose d'une façade marine d'environ 600 kilomètres (carte 1).

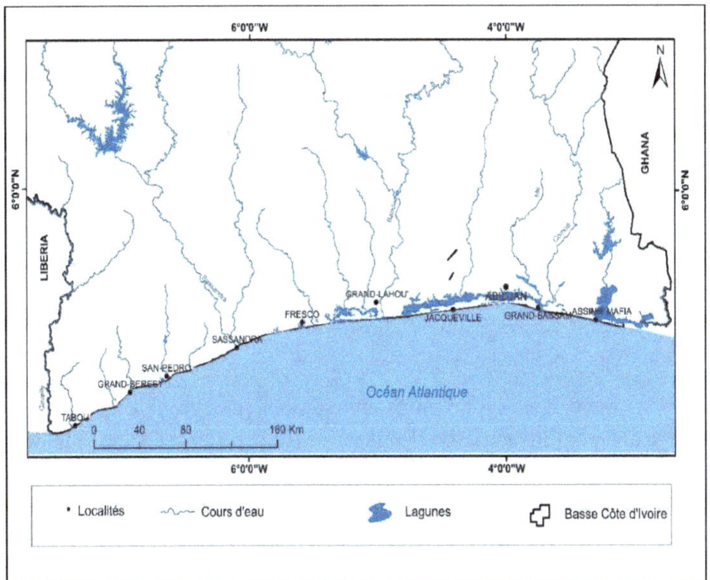

Réalisation : K.A. KOUADIO, 2023

Elle part de la région d'Assinie à l'Est jusqu'à celle de Tabou à l'Ouest. Mais toute cette bande côtière est sujette à l'érosion. Ici, les agents d'érosion ne sont pas forcément les agents de ruissellement ou les vents. Mais il s'agit aussi et surtout de l'eau marine. L'érosion des côtes est l'une des manifestations visibles et atroces des changements climatiques planétaires. Les causes lointaines de cette érosion des côtes ne sont pas forcément locales mais planétaires. En effet, la fonte des glaciers dans les zones climatiques froides engendre une augmentation du volume des eaux océaniques dans nos régions tropicales. Les eaux océaniques communiquent entre elles. L'augmentation de leurs volumes suit le rythme. Ainsi, l'augmentation du niveau de l'Atlantique nord se répercute sur l'Atlantique sud.

Elle constitue une véritable menace pour l'économie balnéaire ivoirienne comme le témoigne cet article. « Les plaines côtières abritant près de 7,5 millions d'habitants, soit 30 % de la population ivoirienne, et regroupant environ 80 % des activités économiques du pays sont confrontées à ce phénomène très inquiétant. Actuellement, plus des deux tiers du littoral ivoirien est affecté par l'érosion côtière ». Il peut ajouter : "La perte des plages et des dunes qui fournissent une protection naturelle contre les inondations et l'érosion, aggrave les conséquences des submersions marines, qui envahissent les villes et les villages durant les fortes tempêtes", selon la Banque mondiale citée par Jeune Afrique (N°3130 - DIMANCHE 29 OCTOBRE 2023) dans « Comment le changement climatique va affecter l'économie ivoirienne ». C'est également une menace pour l'économie du pays, par son impact potentiel sur les installations industrielles et les infrastructures de premier plan, comme la Société ivoirienne de raffinage (SIR), l'Aéroport international d'Abidjan, les Ports d'Abidjan et de San-Pedro, les routes côtières, les plantations industrielles ainsi que d'importantes installations hôtelières à Abidjan, Grand-Bassam, Assainie, San-Pedro, etc. « Une étude de cas sur la zone de Port-Bouët, avec une population de 0,4 million d'habitants, a estimé le coût de l'érosion et de la submersion marine pour la seule année 2015 à 1,4 milliard de franc CFA », a précisé l'institution de Bretton Woods, selon la même source indiquée plus haut.

Au niveau de la Côte d'Ivoire, les régions littorales ressentent cette augmentation du niveau de la mer par l'incursion de l'eau marine sur le continent. Cela se traduit par le creusement des terres, la réduction de l'estran et le trait de côte et surtout l'engloutissement des infrastructures et équipements humains. En Côte d'Ivoire, plusieurs études ont été réalisées sur le phénomène de l'érosion des côtes (K. M. A N'GUESSAN; 2017, A. H. J. BEDA; 2017, Y. DOUMBIA; 2017, B.R. V. ZONKOUAN et al; 2017). Ces études ont respectivement porté sur l'érosion côtière et ses impacts dans les régions d'Assinie, Grand-Bassam, Fresco-San-Pédro et enfin du village de Lahou-Kpanda dans la région de Jacqueville. A partir d'imagerie satellitaire, ces auteurs ont mené une étude diachronique pour suivre l'évolution du trait de côte dans ces différentes localités situées sur la côte ivoirienne. Puis des traitements statistiques ont permis d'établir un lien étroit entre l'évolution interannuelle du marnage et la réduction progressive du trait de côte dans ces localités. Les différents résultats obtenus sont évocateurs. La superficie du littoral de la commune de Grand-Bassam situé entre 5 ° 12′ 00″ et 5 ° 19′ 00″ Nord et entre 3 ° 41′ 15″ et 3 ° 51′ 45″ Ouest (carte 2) a en effet perdu une grande partie de son espace utile (665 km2 de terre) entre 1984 et 2016. Au cours de cette même période d'observation, le niveau moyen du marnage a varié entre 0,51 et 0,54 mètre de haut, en a conclu A. H. J. BEDA (2017, Pp.70-85.).

Carte 2 : Localisation de la commune de Grand Bassam

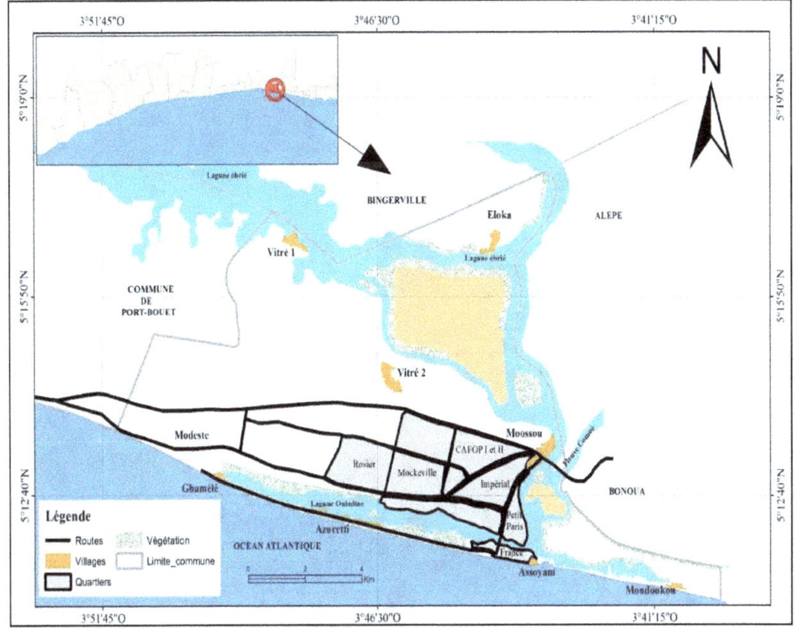

Source : H.J. A. BEDA, 2017

La même observation est faite au niveau de la localité rurale de Lahou-Kpanda dans la commune de Grand-Lahou est située entre 5°10' et 5°40' Nord et entre 4°30' et 5°20' Ouest (carte 3). Selon B.R.V. ZONKOUAN et al (2017, Pp. 43-58), il y a une modification de la morphologie de la côte qui s'accompagne d'une migration importante de l'embouchure vers l'Ouest.

L'on assiste à une action marquée par l'érosion marine qui emporte une grande portion du cordon initial. L'auteure précise que ce phénomène dynamique modific sans cesse la morphologie de la côte (photo 3). En l'espace de 14 ans, le village a perdu une grande portion de son espace. Ainsi, avec une proportion estimée à 41% en 2002, l'espace érodé occupe en 2016, une proportion de 49% d'où un gain de 8% d'espace.

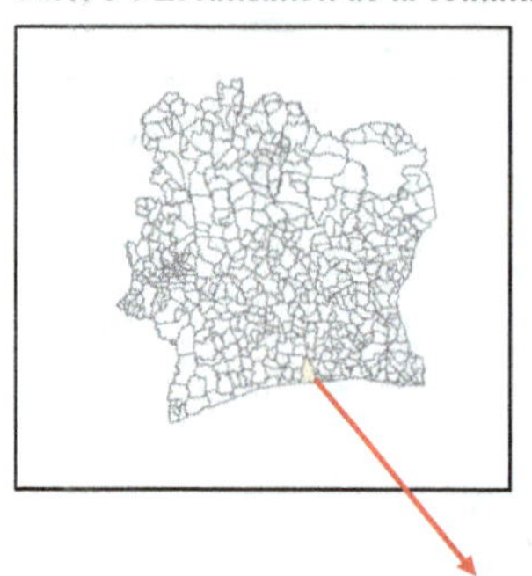

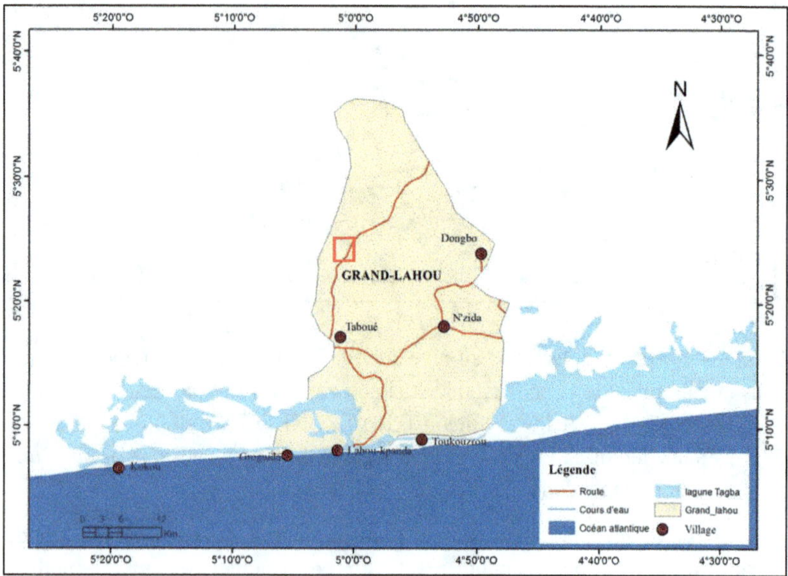

Source : B.R.V. ZONKOUAN, 2017

Les habitations de 13% en 2002 se réduisent à 12% de leur surface en 2016, précise-t-elle. Pire, entre 2002 et 2016, la végétation a reculé en perdant 17,37% de sa superficie au profit de sols nus et habitations qui gagnent du terrain. Cela peut s'expliquer par l'ampleur des actions anthropiques sur la végétation. Mais, les sols nus laissent libre cours aux agressions de l'eau marine sur le sol (photo 4).

Source : : : *B.R.V. ZONKOUAN., juin 2017*

Du coup, Lahou-Kpanda voit progressivement ses terres envahies par la mer.

Ailleurs sur le cordon littoral Fresco-San-Pédro que l'on situe entre les latitudes 5°34' et 6°38'N et entre les longitudes 4°44' et 5°4'O (carte 4), le lien entre l'évolution des facteurs du climat, la hausse du niveau de la mer (le marnage) et le rétrécissement du trait de côte est édifiant à travers l'étude menée par Y. DOUMBIA (2017, p. 70).

Pour mener à bien son analyse de l'évolution du trait de côte dans cet espace géographique entre 2001 et 2017, l'auteur a pris trois sites pilotes d'observation. Il s'est agi, selon lui d'Ancien Fresco (Fresco), de Brodjé (Sassandra) et de Digboué (San Pédro).

Ainsi l'auteur précise que pour le premier site d'étude (Ancien Fresco), la superficie de la bande sableuse qui était de 144 hectares en 2001, soit 16,98% de l'ensemble de l'occupation du sol est passée en 2017 à une superficie de 89 hectares (10,49%) soit un taux de régression de 6,49%. Au même moment, l'on constate la hausse de l'espace occupé par les cours d'eau, qui passe de 260 hectares à 323 hectares dans le domaine d'étude soit un taux d'évolution de +6,48%.

Sur le cordon littoral, la vitesse d'érosion est forte à tel enseigne que les études prévisionnelles inquiètent sérieusement l'humanité quant à l'avenir. En effet, ces régions sont menacées de disparition.

Des stratégies durables sont à envisager rapidement face au phénomène d'érosion des côtes en Côte d'Ivoire. L'anticipation préconisée pour la Grand-Lahou qui a consisté au relogement des populations sur un nouveau site est-elle la solution définitive des pouvoirs publics ?

Carte 4 : Cordon littoral Fresco-San-Pédro dans le Sud-Ouest ivoirien

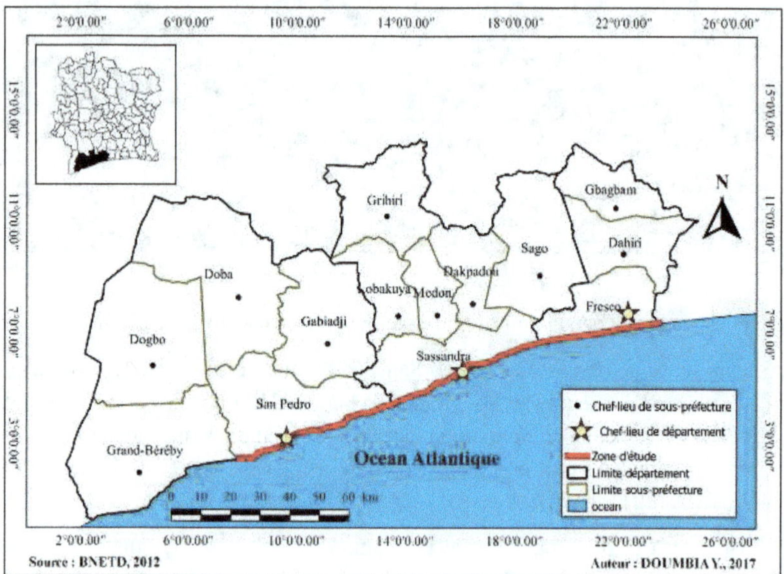

Source : Y. DOUMBIA, 2017

Au niveau du deuxième site Brodjé (Sassandra), l'aire occupée par les plans d'eau a augmenté, passant de 283 hectares en 2001 à 316 hectares en 2017, soit un taux d'évolution de +4,1%. Quant à la frange littorale, elle couvrait une surface de 116 hectares (18,6%) de la surface totale de l'espace, peut-il ajouter l'auteur.

En 2017 en effet, elle ne couvre que 83 hectares (10,28%) soit un taux de régression de 8,32%.

Enfin sur le troisième site, celui de Digboué dans la commune de San-Pédro, Y. DOUMBIA (2017, P. 70) soutient que cette localité a vu sa surface littorale diminuer au profit de la mer. Ainsi, de 259 hectares en 2001, la bande sableuse s'observe avec une aire de 157 hectares en 2017, soit un taux de régression estimé à 6,65%. Au même moment, la superficie occupée par l'eau a augmenté. Elle est passée de 352 hectares en 2001 à 495 hectares en 2017, affirme l'auteur.

De l'étude des auteurs, l'on retient que l'évolution des indicateurs du réchauffement climatique que sont la hausse des températures et du niveau moyen de la mer ont de réels impacts sur les superficies littorales ivoiriennes. Ils constituent les principaux facteurs de la dynamique des côtes du littoral ivoirien.

A ces facteurs, s'ajoute l'anthropisation qui se traduit par les carrières de sable et autres activités sur le littoral.

La péjoration climatique a également des impacts sur les ressources en eau en Côte d'Ivoire.

4.1.3-Les impacts de la péjoration du climat sur les ressources en eau

À travers le cycle de l'eau, l'on comprend aisément les échanges entre les différentes sphères de la planète terre. Dans la présente étude, l'on s'intéresse davantage aux impacts des irrégularités du climat sur les ressources en eau douce à l'échelle nationale ivoirienne. L'inégale répartition des volumes d'eau de la planète a réservé une part marginale aux ressources en eau douce (à peine 2% des volumes d'eau de la terre). Les 2% sont à redistribuer à toute la biosphère que sont les plantes, les animaux et les hommes. Les ressources en eau douce sont de deux grands ordres. Il y a d'une part les ressources en eau souterraines et d'autre part les ressources en eau de surface.

4.1.3.1-Les impacts du climat sur les ressources en eau souterraines

Les ressources en eau souterraines sont les différentes nappes d'eau que l'on retrouve en profondeur du sol. Une nappe souterraine est une masse d'eau contenue dans les interstices ou fissures du sous-sol ; c'est-à-dire celle où les interstices entre les grains solides sont entièrement remplis d'eau ; ce qui permet à celle-ci de s'écouler (Y. VEYRET, 2007, p. 16). L'on peut en distinguer deux types.

-La nappe phréatique ou libre : c'est une nappe que l'on rencontre à faible profondeur. En raison de sa proximité avec la surface du sol, il peut suffire d'un petit apport supplémentaire d'eau en provenance de la surface pour faire basculer la couche non saturée à l'état saturé. C'est pourquoi, le climat a une influence plus importante sur cette nappe. En effet, les eaux d'infiltration peuvent facilement y accéder dans la mesure où elle a un toit rocheux perméable ; d'où elle est dite

nappe libre. En saison sèche, les apports pluviométriques étant moindres, certaines nappes phréatiques tarissent, mais d'autres peuvent résister à la saisonnalité. Dans tous les cas, le niveau piézométrique des nappes augmente en raison de leur rabattement au cours de cette saison. Les différentes variations de la nappe dépendent aussi de certaines propriétés dont le substratum dispose : potentiel et contenu hydraulique, porosité ; perméabilité, stockage et rendement spécifique, etc.

-La nappe captive ou non-libre : Une nappe captive est une nappe qui est surmontée d'une formation peu ou pas perméable où la surface aquifère est très poreuse et dont la charge hydraulique ou surface piézométrique de l'eau qu'elle contient est supérieure au toit de la nappe. La nappe aquifère a une couche de roche ou de sédiment qui contient suffisamment d'eau accessible pour intéresser les humains (Y.VEYRET, 2007, p. 67). Ici, les influences du climat sous mesurées. Le toit imperméable rend la nappe non libre certes, mais en constitue un manteau protecteur contre la forte chaleur évaporatoire du soleil. Les apports en eau de la pluie n'y sont pas forcément immédiats car de la zone de recharge à la zone d'évacuation, les propriétés des aquifères traversées vont encore jouer sur le débit de base.

En Côte d'Ivoire, l'essentiel des usages d'eau concerne les ressources en eau de surface. En effet, les ressources en eau souterraines sont bien qu'optimales et par ailleurs de bonne qualité car moins exposées aux pollutions des aérosols, les moyens de captage restent souvent une problématique capitale pour les populations et des pouvoirs publics.

Notre étude spécifique des impacts des irrégularités climatiques sur les ressources en eau sur le territoire ivoirien sera donc axée sur les eaux de surface.

4.1.3.2-Les impacts du climat sur les ressources en eau de surface en Côte d'Ivoire

4.1.3.2.1-Du potentiel hydrographique de surface de la Côte d'Ivoire

Les ressources en eau de surface en Côte d'Ivoire concernent deux grands aspects. Il s'agit des cours d'eau et les plans d'eau. Dans l'ensemble, la Côte d'Ivoire dispose d'un potentiel hydrographique assez riche. Elle est drainée par d'importants cours d'eau dont quatre grands fleuves qui ont une ouverture sur le Golfe de Guinée. Ce sont de l'Ouest à l'Est : *le Cavally, le Sassandra, le Bandama et le Comoé.*

-*Le Cavally* est un cours d'eau qui coule en Guinée, au Libéria et en Côte d'Ivoire. Il prend sa source au Nord du mont Nimba en Guinée. Il forme une frontière naturelle entre le Libéria et la Côte d'Ivoire. Dans ce dernier pays cité, il longe la façade ouest dans la zone écologique guinéenne ivoirienne ; précisément dans les régions de Tai et de Tabou au Sud. Le Cavally a une longueur d'environ 700 kilomètres et dispose d'un vaste bassin-versant équivalant à 30 600 km². (P. TOUCHEBEUF DE LUSSIGNY, 1970, p.3).

-*Le Sassandra* prend sa source dans les hautes terres du Nord-ouest ivoirien, à l'Est de la ville d'Odienné. Il est un affluent du fleuve Niger. Il porte dans son cours supérieur le nom de Tienba. Ce fleuve a des affluents tels que *le Baoulé, le Boa, le Férédougouba, le Bafing, le N'Zo, le Lobo et le Dayo*. Il porte depuis 1980, le barrage de Buyo et celui de Soubré dans son court moyen. Le Sassandra draine également le parc national du mont Péko vers Buyo et celui de Taï vers Soubré. Il a son embouchure au Sud du pays dans la ville de Sassandra qui porte son nom. Sa longueur totale est de 650 km et son bassin hydrographique couvre 75 000 km². Du point de vue du débit, il est, avec le Cavally, le plus important cours d'eau de la Côte d'Ivoire. Le débit annuel moyen observé à Soubré durant la période des hautes eaux atteint 541 m³/s pour un bassin versant de 62 000 km². La lame d'eau écoulée dans le bassin versant vaut ainsi 275 millimètres par an ; ce qui peut être considéré comme modérément élevé. Le Sassandra est un cours d'eau assez irrégulier et son débit varie selon les saisons et suivant les années. Le débit des mois de basses eaux est très largement inférieur au débit mensuel moyen de la période de crue. Celle-ci va d'août à octobre (R. BORREMANS, 1988, p. 33).

-*Le Bandama* est un fleuve qui traverse le territoire ivoirien du Nord au Sud. Il prend sa source dans la région de M'Bengué au Nord de la Côte d'Ivoire. En amont du Bandama, l'on note *la Bagoué, le Solomougou, le Bou, le Badenou et le Lopkoho* comme affluents. Il est formé par la conjonction du Bandama blanc et du Bandama rouge ou Marahoué. Ce dernier est l'un de ses principaux affluents avec 550 km et draine 24.300 km² de bassin versant. Sa pente moyenne est de 0,65%. Le Marahoué est alimenté par le Yani (200 km). Le Marahoué se jette dans le Bandama juste en amont du lac de Kossou. Le Bandama blanc constitue le cours supérieur du fleuve. Le Kan est l'un de ses affluents dont le bassin versant couvre le Sud de Bouaké jusqu'à Tiébissou. Le N'Zi en est également un affluent. Le plus important d'ailleurs avec 725 km et a un bassin versant de 35.500 km². Il prend sa source à 400 m d'altitude à l'Est de Ferkessédougou et conflue avec le Bandama un peu en amont de la ville de Tiassalé. Le Bandama est long de 1.050 km et couvre un bassin hydrographique de 97.000 Km². Sa pente moyenne est estimée à 0,46% (C. LEVEQUE et al., 1983, pp-113-141). Excepté le climat de montagnes de l'Ouest, le Bandama traverse toutes les zones climatiques ivoiriennes. Mais l'impact humain s'est accru sur ce fleuve notamment avec la construction de deux grands barrages à usage hydroélectrique de Kossou en 1972 ; Taabo en 1980 et de nombreux autres petits barrages à usage hydroagricole dans le septentrion ivoirien.

- *Le Comoé* est un affluent de la Volta Noire, le Comoé prend sa source à Péni, localité située entre Banfora et Bobo-Dioulasso au Burkina Faso. Il traverse le territoire ivoirien du Nord au Sud et débouche à l'extrémité orientale du système de la lagune Ebrié au niveau de la ville de Grand-Bassam. Le Comoé a une longueur de 1.600 kilomètres. Il forme une conjonction avec la Mé au niveau de l'île de Vitré. Ce fleuve draine la plus grande partie du quart nord-est de la Côte d'Ivoire constitué de savanes. Il est cependant longé de forêts galeries sur presque toute sa longueur ; ce qui constitue un habitat privilégié pour une faune très riche. Le vaste parc national de la Comoé qui s'étend sur une superficie de 1 149 150 hectares a été créé au Nord-Est de la Côte d'Ivoire sur son cours moyen. Ses principaux affluents sont : *le Kanba, le Koulda. le Kolodio, le Binéda. le Guimébé, le Kobodio, le Zola, le Léraba occidental, l'Iringou et le Bayakoko* (VERDY P. et al, 2007, P6).

Du point de vue hydrométrique, le fleuve Comoé a un débit moyen annuel de 106 m3/s à la station hydrométrique d'Anassué près d'Abengourou pour une couverture spatiale de 70 112 km^2...La lame d'eau écoulée dans le bassin est ainsi estimée à 48 millimètres par an ; ce qui doit être considéré comme médiocre. De façon saisonnière, le Comoé connaît une forte irrégularité de son débit moyen mensuel. En effet, en période d'étiage, ce débit peut descendre jusqu' à 1,3 m^3/s (mars) contre 467 m^3/s en période de crue au mois de septembre (carte 5).

Outre ces quatre grands fleuves sus-mentionnés et leurs affluents, la Côte d'Ivoire compte de nombreux cours d'eau côtiers aux caractéristiques hydrologiques importants. Ces fleuves côtiers arrosent la région sud du pays. Ce sont par exemple :

- *le Boubo* (longueur 130 km, bassin versant 5.100 km^2);
- *l'Agnéby* (longueur 250 km, bassin versant 8.900 km^2);
- *la Mé* (longueur 140 km, bassin versant 4.300 km^2);
- *la Bia* qui prend sa source au Ghana et mesure 290 km.
- *le San-pédro* (230 km), etc.

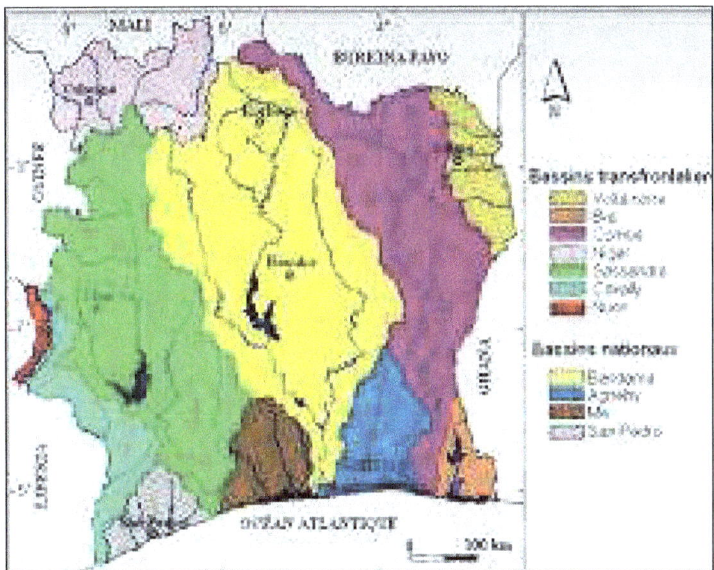

Source : Direction de l'hydrologie, 1999

Selon la Direction de l'hydrologie de Côte d'Ivoire (1999), sur le cours des grands fleuves, l'on dénombre en 1999, 578 barrages et autres réservoirs d'eau en Côte d'Ivoire (carte 6). Ils ont une capacité totale de stockage de 38 milliards de m^3 à plein niveau d'eau. Le volume est pratiquement équivalent au débit moyen annuel des eaux de surface dans leur ensemble en Côte d'Ivoire, d'après la même source. Mais leur capacité de stockage reste moindre en saison sèche. Parmi les 578 plans d'eau, la majorité d'entre eux est de taille moyenne. Les deux plus importants sont les lacs de Kossou et Buyo. Ceux de Taabo, Ayamé 1, Ayamé 2 et de Faye viennent en seconde position par la taille. Le barrage de Soubré a récemment complété cette liste des seconds. Ces cinq importants barrages produisent de l'électricité. L'on les situe sur les cours d'eau comme suit :

- Barrage Buyo (*le Sassandra*)
- Barrage Soubré (*le Sassandra*)
- Barrage Kossou (*le Bandama*)
- Barrage Taabo (*le Bandama*)
- Barrage Ayamé I (*la Bia*)
- Barrage Ayamé II (*la Bia*)
- Barrage Faye (*le San-Pedro*).

Carte 6 : Localisation des grands lacs de barrages de Côte d'Ivoire

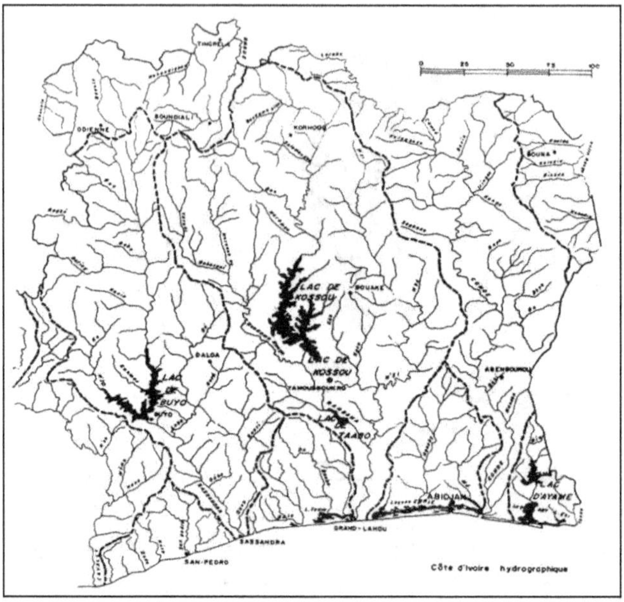

Source : K. TRAORE, 1996

Les lacs sont de deux catégories. En effet, certains sont des étangs naturels tandis que d'autres sont des lacs de fait (de création humaine). Par exemple, les différents lacs observés dans la ville de Yamoussoukro sont de fait, bien qu'ils avaient des prédispositions de réservoirs naturels d'eau situés sur des petits cours d'eau d'ordre 1 (K.R. KOUASSI, 2023, p.167). Ces réservoirs ont été aménagés pour stocker l'eau de façon permanente. La Côte d'Ivoire, depuis 1960, s'est résolument engagée dans le processus de développement en s'appuyant sur son important réseau hydrographique. En plus des barrages hydroélectriques, l'on compte plus de 500 lacs artificiels, notamment dans les régions de savanes du Centre et du Nord (tableau 4). Ce sont des lacs de barrages à caractères hydro-agricoles (au nombre de 30) aménagés par l'ex-SODERIZ, la CIDT, la SATMACI, la CIDV pour l'irrigation des périmètres agricoles et agro-pastoraux au nombre de 400 barrages aménagés par l'ex-SODEPRA pour l'abreuvement du bétail (K. TRAORE, 1996, p.135).

Ainsi, avec une centaine d'ouvrages dont plus de la moitié à vocation agricole, la région centre présente plus de 23,6 % des barrages existants sur l'ensemble du pays. C'est dans cette zone qu'a été érigé le plus grand nombre de barrages à vocation agricole ; soit 69,6 % des barrages hydro-agricoles du pays. Les superficies aménageables sont estimées à 6.565 ha. Ainsi le département de Yamoussoukro possède le plus grand nombre de barrages : 30 barrages (soit 30,9 % des barrages du Centre et 69,6 % des barrages hydro-agricoles du pays) et 2.945 ha aménageables (K. TRAORE, 1996, p.135).

Tableau 4 : Répartition des barrages de la zone centre de la Côte d'Ivoire

Préfectures	Barrages hydroagricoles		Barrages à autre vocation		Total	
	Nbre	%	Nbre	%	Nbre	%
Yamoussoukro	26	47,3	4	9,5	30	30,9
Bongouanou	2	3,6	14	33,3	16	16,5
Toumodi	6	11	4	9,5	10	10,3
Béoumi	2	3,6	1	2,4	3	3,1
Dimbokro	2	3,6	6	14,2	8	8,2
Katiola	6	11	1	2,4	7	7,2
Daoukro	-	-	4	9,5	4	4,1
Sakassou	1	1,3	-	-	1	1
Abengourou	-		2	4,8	2	2,1
Zuénoula	1	1,1	1	2,4	2	2,1
Daloa	2	3,6			2	2,1
Bouaké	5	9,1	5	11,9	10	10,3
Bouaflé	1	1,8			1	1
Dabakala	1	1,8			1	1
TOTAL	55	100	42	100	97	100

Source : TRAORE. K., 1996

Dans la grande région nord, 298 barrages ont été recensés : 19 barrages à vocation agricole et 271 à vocation pastorale. Cela représente 66% de l'ensemble des ouvrages recensés sur le territoirenational. Cette région dispose d'un potentiel de plus de 6.000 hectares de bas-fonds aménageables en aval de ces barrages selon la même source citée plus haut. La répartition des barrages est illustrée par le tableau 5.

Tableau 5 : Répartition des barrages de la zone nord de la Côte d'Ivoire

Sous - préfecture	Zone d'appartenance	Nombre de barrages pastoraux	Nombre de barrages hydro - agricoles	Moyenne de villages pour 1 barrage pastoral
Napiéolédougou (Napié)	Dense	15	1	8
Sinématiali	Dense	5	2	61
Korhogo	Dense	7	10	32
Karakoro	Dense	1	0	110
Komborodougou	Dense	0	0	0
Tioroniadougou	Dense	0	2	0
Sirasso	Igname	7	1	5
Niofoin	Igname	17	0	3
Dikodougou	Igname	9	0	4
Guiembe	Igname	7	0	3
M'Bengue	Mil	32	0	3
Niellé	Mil	43	0	1
Diawalla	Mil	25	0	3
Ouangolodougou	Mil	15	0	3
Ferkessédougou	Mil	14	3	8
Koumbala	Mil	13	0	3

Source : TRAORE K. 1996

Le district des savanes se taille ainsi la part du lion avec 36,9 % des barrages du Nord et 26 % des ouvrages recensés sur l'ensemble du territoire ivoirien. Il ressort de cette analyse qu'avec 271 barrages agro-pastoraux sur un total de 298 (soit 90 %), la région nord constitue la zone de prédilection des barrages à vocation pastorale. Cela montre la volonté manifeste de l'Etat ivoirien à promouvoir l'élevage dans le Nord. À l'échelle de la Côte d'Ivoire, les ressources en eau de surface intègrent également des lagunes. Plusieurs lagunes ivoiriennes s'étendent sur près de 300 km le long des côtes orientales du pays, jusqu'au Ghana. Ce système qui couvre une surface de 1200 km^2 est en réalité constitué de trois lagunes principales qui font l'objet de nos analyses dans ce travail. D'Ouest en Est, on a les lagunes de Grand-Lahou, Ebrié et Aby (figure 18). De petites étendues d'eau saumâtre, de quelques km^2 de surface complètent cet ensemble. Ce sont les lagunes de Kodioboué et Hebé à l'Est de Grand-Bassam, les lagunes Ngni et Katibo à l'Ouest de Sassandra et la lagune Digbwé à San-Pédro.

Figure 18 : Principaux plans d'eau lagunaire en Côte d'Ivoire

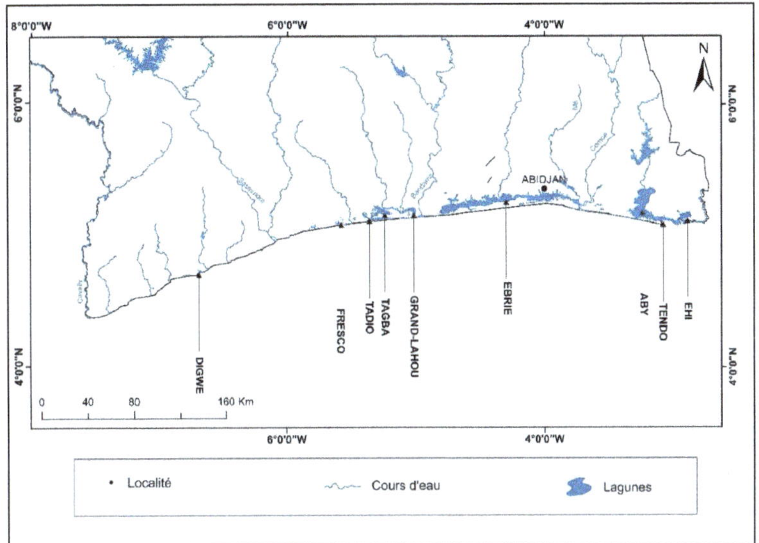

Source : Adapté de P. DUFFOUR (1987)

∨ La géographie et morphologie des grandes étendues lagunaires de Côte d'Ivoire
Lagune de Grand-Lahou :

Elle est localisée dans la sous-préfecture de Grand-Lahou. En longitude, elle se situe entre 5° et 5°25'w et atteint environ 5°10'N de latitude. Le bassin-versant de la lagune de Grand-Lahou a une surface de 104.000 km². Mais l'étendue de son plan d'eau est estimée à 190 km². Du point de vue morphométrique, le bassin principal de cette lagune est allongé d'Est en Ouest sur 50 km de long, parallèlement à la côte atlantique. Elle a une communication quasi-permanente avec cet océan par le grau de Grand-Labou. Mais sa communication est artificielle par un canal avec la lagune Ebrié à l'Est. La lagune de Grand-Lahou a une profondeur moyenne d'environ 3 m (P. DUFFOUR, 1987, pp.1-5).

Lagune Aby :

La lagune Aby se localise entre les sous-préfectures d'Adiaké et d'Aboisso à environ 30 km² en territoire ghanéen. En coordonnées géographiques, elle se situe entre 2°5' et 3°20'w et entre 5°06' et 5°24' N. La surface du bassin versant de la lagune Aby vaut 26 500 km². La superficie du plan d'eau s'estime à 424 km². La morphométrie du bassin à l'Ouest du bassin est en forme de massue à axe perpendiculaire à la côte avec des bassins Tendo et Khy à l'Est allongés parallèlement à la côte atlantique. La lagune Aby communique naturellement en permanence avec l'océan. Mais elle a été liée artificiellement par le grau d'Assinie et artificielle à l'Ouest avec la lagune Ebrié par un canal. Sa profondeur moyenne maximale est de 23 m (P. DUFFOUR, 1987, pp.1-5).

Lagune Ebrié

Plusieurs sous-préfectures se partagent la lagune Ebrié. Ce sont celles de Bonoua, Grand-Bassam, Bingerville, Abidjan, Jacqueville et Dabou, Les coordonnées géographiques de la lagune Ebrié sont 3°40' et 4°50'de longitude ouest. En latitude, elle atteint 5°20'N. La surface du bassin versant de cette lagune vaut 93 600 km² tandis que l'étendue de son plan d'eau est évaluée à 566 km². Elle est donc la plus grande étendue d'eau lagunaire de la Côte d'Ivoire. En termes morphométriques, le bassin principal étroit va de 1 à 7 km de large avec un axe principal parallèle à la côte océanique sur environ 125 km de long. La lagune Ebrié a deux bassins annexes (Aghien et Potou) à orientation SE/NW. La lagune a de nombreuses baies périphériques qui font 20¨% de la surface totale. Enfin, elle dispose d'une profondeur moyenne de 4,8 m, selon le même auteur cité plus haut.

4.1.3.2.2- *Un potentiel hydrographique ivoirien de surface sous le joug climatique*

Selon A. SOW (2007, p. 122), il existe un lien entre la quantité de pluie qui chute et la lame d'eau qui s'écoule dans un bassin versant. Cela explique la forte relation entre l'hydrographie et le climat. En effet, à l'instar des autres composantes du milieu naturel, le lien entre le climat et les ressources en eau, notamment de surface, reste rigide. En Côte d'Ivoire, les irrégularités climatiques ont de réels impacts sur les ressources en eau de surface. Plusieurs études l'attestent. Ces impacts se traduisent par une baisse des volumes globaux d'eau. Dès lors, il s'en suit une faiblesse des écoulements et des débits. Cette situation reste édifiante pour les grands cours d'eau ivoiriens comme le Cavally, le Sassandra, le Bandama et le Comoé. Ces impacts s'illustrent parfois par un assèchement systématique du lit pour les cours d'eau d'ordre 1 voire d'ordre 2 (classification de Strahler). Les effets du climat sur les ressources en eau de surface sont consécutifs à la forte évaporation au cours de l'année. Mais les évaporations sont encore plus importantes en saison sèche entre novembre et mars. Au cours de cette période, le taux d'humidité de l'air est faible voire négligeable tandis que la température de l'air et/ou de surface reste élevée : d'où l'insolation est importante. La forte insolation, la température élevée et la quasi-absence d'humidité dans l'air sur une surface d'eau entraine inéluctablement une évaporation à grande échelle. Ainsi, les débits des grands fleuves de Côte d'Ivoire connaissent des variations importantes dans le temps. À titre d'exemple, l'évolution conjointe des débits des quatre grands fleuves de Côte d'Ivoire et les deux principaux facteurs du climat que sont la pluviométrie et la température ont été analysés à différentes périodes. Ainsi d'Ouest à l'Est, nous avons :

-Le *Cavally* : de 1980 à 2018, le débit moyen mensuel de ce fleuve a varié entre 4 m3/s en janvier et 103 m3/s au mois de septembre (figure 19). Cette évolution des débits est fonction des gains pluviométriques et de la force d'évaporation des températures ambiantes. En effet, le mois de janvier est marqué par la saison sèche où la température est élevée (25,3°C en moyenne) tandis que les gains en pluie sont faibles avec seulement 24 mm en moyenne à Flampeu. Mais d'une manière générale et particulièrement au-dessus du Cavally, la température varie peu au cours de l'année. Par contre au mois de septembre, en petite saison humide, les volumes pluviométriques sont les plus importants, donc le débit est très élevé.

Figure 19 : Evolution saisonnière du débit du fleuve Cavally en fonction des paramètres du climat à la station de Flampeu

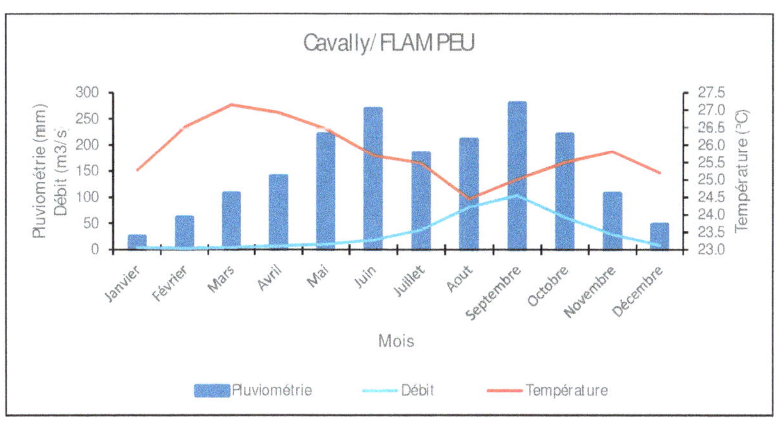

Source : Hydromet/SIERM Montpelier, 2023

De manière interannuelle au cours de la chronologie 1980-2018, le débit de ce fleuve a peu varié. Cette faible variation pourrait s'expliquer par les apports pluviométriques non saisonniers qui sont réguliers sur la façade ouest du pays à cause de la dynamique orographique. De surcroît, le fleuve Cavally apparaît comme le plus puissant de la Côte d'Ivoire par son débit peu variable au cours de l'année. En effet, il est couvert de l'amont en aval par la forêt dense. Le Cavally ne traverse pas également de zone climatique sahélienne ou soudanéenne où les quantités de pluie sont relativement réduites. De 1980 à 2018 à Flampeu, le débit du Cavally a toujours évolué de façon corrélative avec la pluviométrie. Il s'agit d'une évolution discontinue dans le temps mais avec un écart-type très faible pour les deux variables. Cela montre qu'à l'état naturel, le lien entre le débit et la pluviométrie reste significatif (figure 20).

Figure 20 : Évolution interannuelle du débit du fleuve Cavally en fonction de la pluviométrie à la station de Flampeu

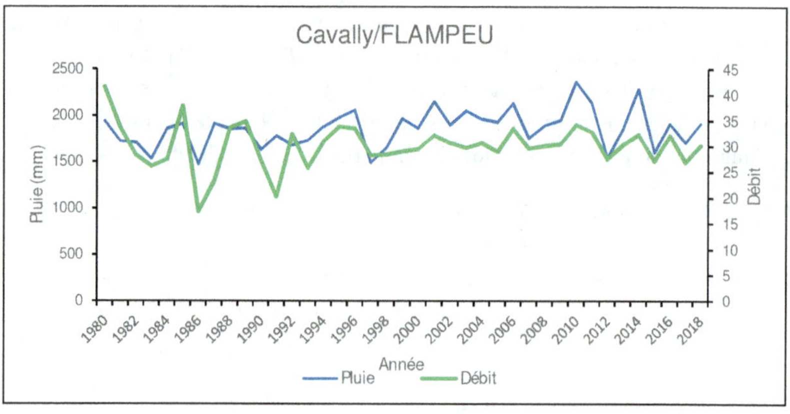

Source : Hydromet/SIERM Montpelier, 2023

-Le **Sassandra** : Il longe la Côte d'Ivoire par l'Ouest. Il part du Nord-Ouest au Sud-Ouest ivoirien. De janvier à décembre, le débit de ce fleuve évolue en fonction des facteurs du climat (pluviométrie et température). Mais de 1954 à 2004, le débit du Sassandra a connu une évolution presque contradictoire avec la température et la pluviométrie à la station hydrométrique de Soubré. Cette évolution contrariée pourrait s'expliquer par les facteurs anthropiques qui influencent constamment l'évolution de ce débit. En effet, au niveau de Soubré, le barrage érigé a une forte influence sur ce débit qui ne rythme plus normalement et strictement avec les facteurs naturels et climatiques. Cela dit, la petite saison des pluies de fin août à début novembre, dont le contenu pluviométrique reste impressionnant en Côte d'Ivoire et notamment dans l'Ouest du pays. Mais d'une manière générale, du Nord au Sud, durant cette saison pluviométrique, le débit de ce fleuve grimpe conséquemment (figure 21). Au cours de cette petite saison des pluies, le débit est élevé et atteint son maximum en octobre avec 961 m^3/s. Le Sassandra est donc l'un des fleuves les plus puissants de la Côte d'Ivoire par le débit.

Figure 21 : Évolution saisonnière du débit du fleuve Sassandra en fonction des paramètres du climat à la station de Soubré

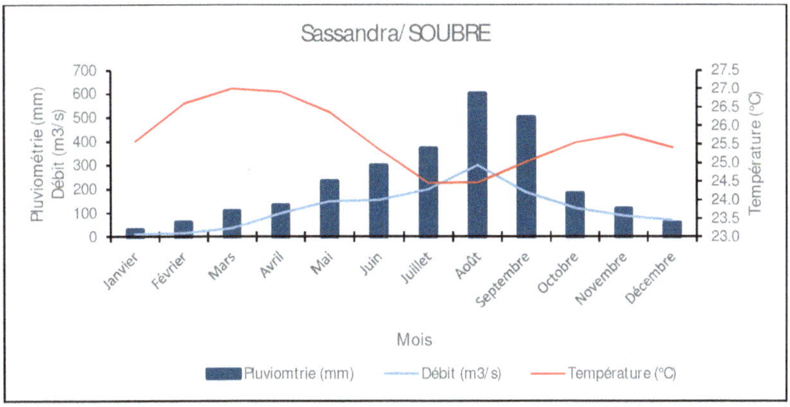

Source : Hydromet/SIERM Montpelier, 2023

À l'échelle interannuelle de temps, le Sassandra a toujours évolué en dent de scie en termes de pluviométrie de 1954 à 2004 au niveau de Soubré. Cette évolution conjointe entre le débit et la pluviométrie a connu deux principales phases. De 1954 à 1968, le débit a évolué étroitement avec la pluviométrie. Mais depuis 1969, cette évolution est moins conforme à celle de la pluviométrie. Cette situation pourrait être engendrée par les infrastructures et activités anthropiques qui agissent désormais sur le lien entre la pluviométrie et le débit (figure 22).

La construction du barrage de Soubré pourrait en effet être à l'origine du dysfonctionnement naturel du débit. Mais, il faut également noter que les régions ouest et centre-ouest ivoiriennes sont reconnues pour leur forte activité rizicole. Or, cette culture se pratique généralement dans les bas-fonds liés aux différents cours d'eau, même si la riziculture pluviale sur les versants n'est pas à négliger dans ces régions.

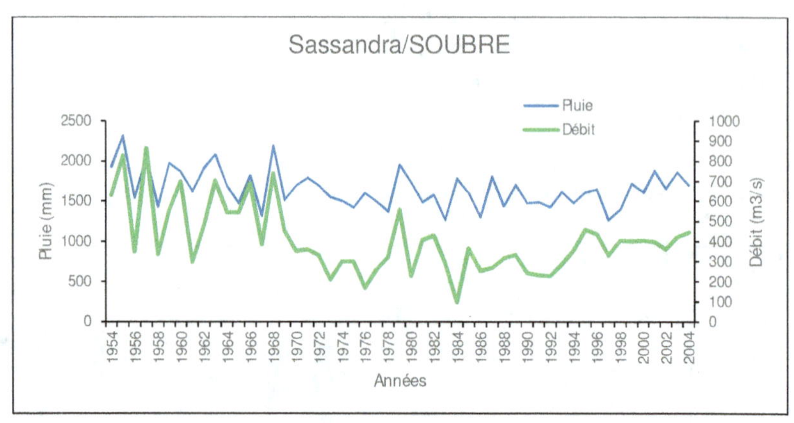

Source : Hydromet/SIERM Montpelier, 2023

Le *Boa*, un affluent du Sassandra était, il y a des décennies, un cours d'eau important par le débit à Blamadougou dans la sous-préfecture de Booko. De nos jours, son lit ne cesse de se réduire au fil des années (photo 5).

Photo 4 : Faible écoulement du Boa au niveau de Blamadougou / Booko

Source : B.I. DIOMANDE (2011, 2022 p.)

-Le ***Bandama*** : de même que le Sassandra, le Bandama traverse la Côte d'Ivoire du Nord au Sud. Il traverse donc à la fois les zones écologiques soudanaises et guinéennes de ce pays. Par l'étendue de son bassin versant, le Bandama apparaît comme le plus grand fleuve ivoirien. Il a un débit important mais très variable au cours des saisons. Dans l'année, le débit évolue différemment. En effet, de décembre à mai, le débit est presque constant mais très bas en raison de la saison des basses eaux (saison sèche). Il commence son ascension à partir de juin jusqu'en novembre. La véritable hausse des eaux s'observe d'août à novembre avec un pic en octobre (figure 23).

Figure 23 : Évolution saisonnière du débit du fleuve Bandama en fonction des paramètres du climat à la station de Tiassalé

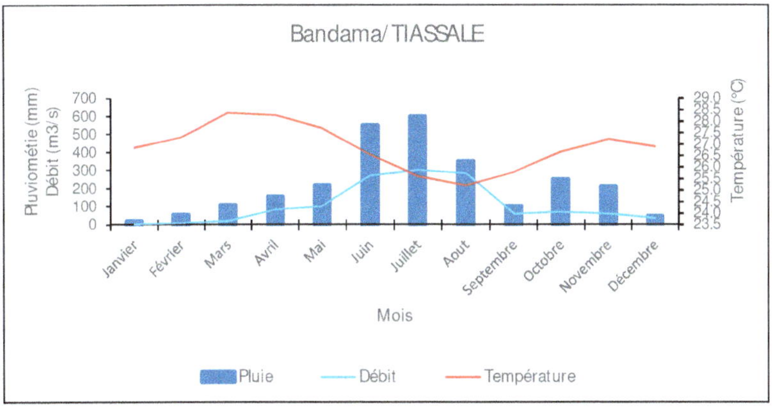

Source : Hydromet/SIERM Montpelier, 2023

Cette évolution reste conforme à celle de la pluviométrie qui connaît des hausses d'avril à juillet et de septembre à novembre. En saison d'étiage, le débit peut descendre jusqu'à 73 m^3//s contre 697 m^3/s en octobre comme maximum. La saisonnalité a donc une forte influence sur ce fleuve malgré sa ramification importante (figure 24). Depuis 1968, l'évolution du débit s'est éloigné de l'évolution de la pluviométrie. Le large bassin hydrographique de ce fleuve en amont favorise plusieurs activités anthropiques comme l'agriculture, la pêche et les barrages hydroélectriques comme Kossou et Taabo. Ces barrages érigés peuvent fortement influencer le débit surtout qu'ils sont situés en amont de la station de mesure qui est Tiassalé. L'évolution peu cohérente de son débit peut aisément s'expliquer. En raison de sa forte ramification et de large bassin hydrographique, le Bandama apparaît comme le fleuve le plus anthropisé de la

Côte d'Ivoire. Le nombre de barrages construits sur son cours supérieurs et moyen en témoigne aisément. En termes d'usage hydraulique, le Bandama offre d'énormes acquis et services à l'État et les populations de la Côte d'Ivoire.

Figure 24 : *Évolution interannuelle du débit du fleuve Bandama en fonction de la pluviométrie à la station de Tiassalé*

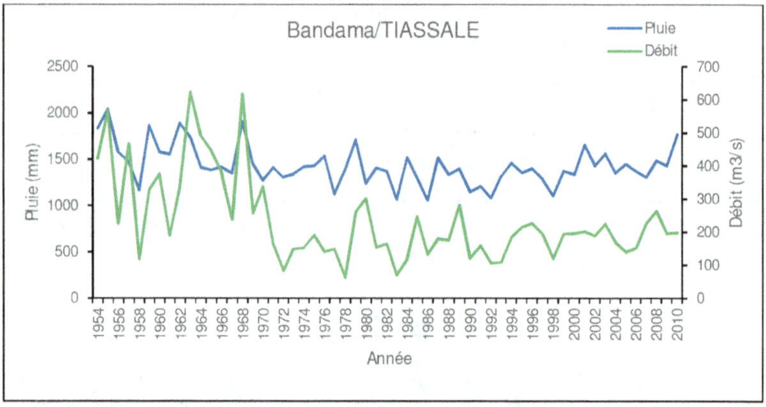

Source : Hydromet/SIERM Montpelier, 2022

-Le ***Comoé*** prend sa source dans la région de Banfora au Burkina Faso et se déverse dans l'océan Atlantique dans la région de Grand-Bassam en Côte d'Ivoire. Il est le quatrième grand cours d'eau de la Côte d'Ivoire de l'Ouest en Est et alimente toute la façade Est de ce pays. Le Comoé est également grand par son débit. Mais ce cours d'eau a un régime très irrégulier dans l'année. En effet, de 1960 à 2004, notre période d'observation considérée, pendant la saison difficile ou sèche, le débit mensuel est parfois descendu jusqu'à 3 m^3/s comme minimum en février-mars. Mais en saison humide, notamment durant la petite saison de crue en septembre, ce débit peut grimper pour atteindre un maximum de 665 m^3/s d'eau à la station de M'Basso à l'Est de la Côte d'Ivoire (figure 25). Cette forte irrégularité du débit pourrait s'expliquer par le parcours qu'effectue ce fleuve de la source à l'embouchure. En fait, le Comoé est le plus long fleuve de Côte d'Ivoire avec 1600 kilomètres. Ainsi, le Comoé traverse plusieurs zones climatiques dont plus de 1000 kilomètres en zone soudanienne.

Figure 25 : Évolution saisonnière du débit du fleuve Comoé en fonction des paramètres du climat à la station de M'Basso

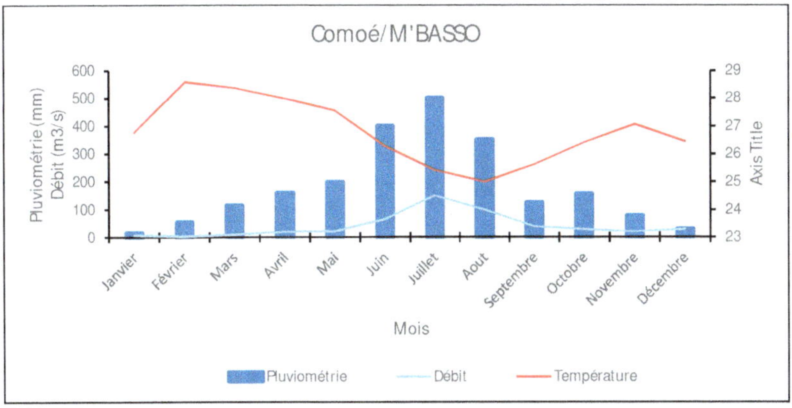

Source : Hydromet/SIERM Montpelier, 2023

L'évolution interannuelle des débits du fleuve Comoé de 1960 à 2004 indique une irrégularité avec celle de la pluviométrie. En effet de 1960 à 1970, la corrélation entre l'évolution des deux variables était forte. Mais cette corrélation s'est affaiblie de 1970 à 2004. Des petits barrages à caractère hydro et agro-pastorales, notamment dans le Nord et Centre de la Côte d'Ivoire après 1970 peuvent expliquer cette situation de faible corrélation entre pluviométrie et débit du Comoé (figure 26). En effet, son large bassin versant reste un espace de fortes exploitations à différents usages des populations riveraines. Ces activités en amont sont des facteurs explicatifs solides de l'évolution irrégulière de son débit au cours de notre période d'observation.

Figure 26 : Évolution interannuelle du débit du fleuve Comoé en fonction de la pluviométrie à la station de M'Basso

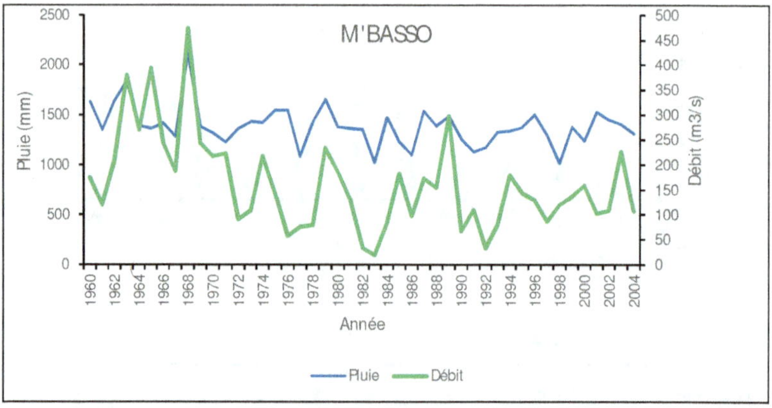

Source : Hydromet/SIERM Montpelier, 2023

Les lacs de retenue subissent, à l'instar des cours d'eau, les aléas du climat. Le lac de Kossou par son étendue, est le plus grand lac ivoirien. L'élaboration d'une cartographie diachronique réalisée par K.E. KOFFI et al. (2015, p.12) a permis de suivre l'évolution de ce lac. L'observation de cette carte montre une réduction de la tâche noire représentant l'étendue du lac. Les statistiques de surface issues de la cartographie renseignent sur l'ampleur de son évolution. En effet, de 54583 hectares en 2002, la surface du lac est passée à 34189 hectares en 2014 ; soit une superficie de 20394 hectares perdues. Cela représente une régression de 37 % en douze ans (figure 27).

Ce lac de fait ouvert est très exposé par sa superficie impressionnante aux effets du climat. Il s'agit par exemple de l'évaporation. Mais le but de la création du lac le prédestine à la forte anthropisation. Ainsi, en dehors de sa fonction de fourniture d'électricité, le lac est soumis à plusieurs usages humains. Ce sont entre autres, la pêche, l'agriculture et même l'élevage. Ce sont autant de facteurs qui jouent en défaveur de sa superficie dans le temps.

Figure 27 : Situation comparative du lac de Kossou entre 2002 et 2014

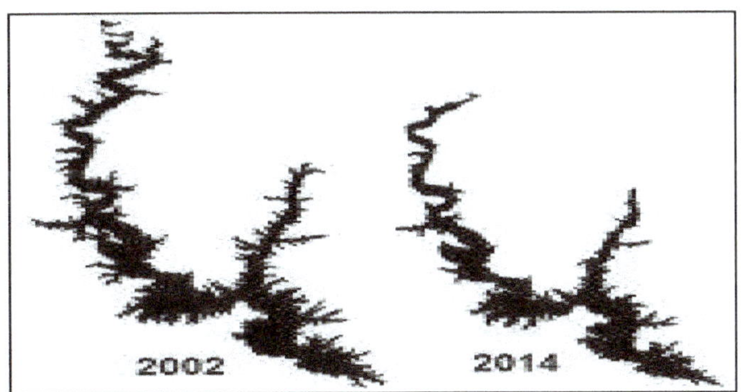

Source : K.E Koffi et al, 2015

Cette situation de tarissement des plans d'eau prend de l'ampleur en Côte d'Ivoire. Par exemple, le lac de la Loka reste important dans l'alimentation en eau de consommation pour la ville de Bouaké et des localités environnantes. Ce lac est en perpétuel tarissement depuis des décennies. En effet, le lac avait une superficie de 555,91 hectares ; soit 5,56 km^2 pour une circonférence de 33,33 km en 1970. Mais en 2016, cet important plan d'eau ne couvrait seulement qu'une superficie de 237,06 hectares ou 2,37 km^2 équivalent à un périmètre de 18 km (figure 28).

Figure 28 : Lac de la Loka en voie de disparition

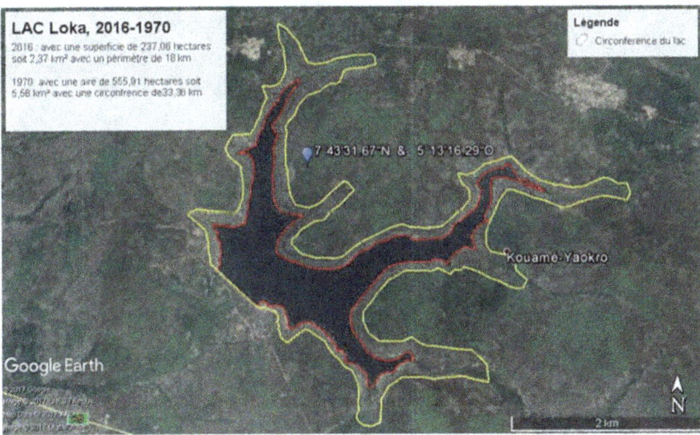

Source : B.I. DIOMANDE, 2018

Le tarissement des eaux de surface relève certes de la nature. Mais le phénomène est accentué par l'ensablement et la pollution des eaux. Sur les parcelles d'exploitation de mines, les étendues d'eau sont fréquemment sollicitées par le travail des mineurs. On y lave du gravier à longueur de journée. Ces ressources en eau, profondément boueuses et ensablées, s'exposent à l'action du soleil. En conséquences, l'on peut observer un tarissement rapide. La photo 6 illustre le cas d'un étang sur la parcelle de mines d'or à Zanikan dans le département de Tengréla (B.I. DIOMANDE, 2011, p. 142).

Photo 5 : Tarissement d'un étang sur la parcelle d'or à Zanikan / Tengréla)

Source : B.I. DIOMANDE, 2011

La pollution des ressources hydrologiques en milieu urbain entraine le phénomène d'eutrophisation des eaux dû au rejet des charges polluantes dans les rivières, lacs ou lagunes. L'eutrophisation est selon M. DELARUE (2016, p.12), un processus naturel qui explique comment un lac se transforme progressivement en marais, puis en tourbière ou en prairie. Naturellement, ce processus peut couvrir des dizaines de milliers d'années (figure 29).

Figure 29 : Mécanisme chimique de l'eutrophisation des eaux

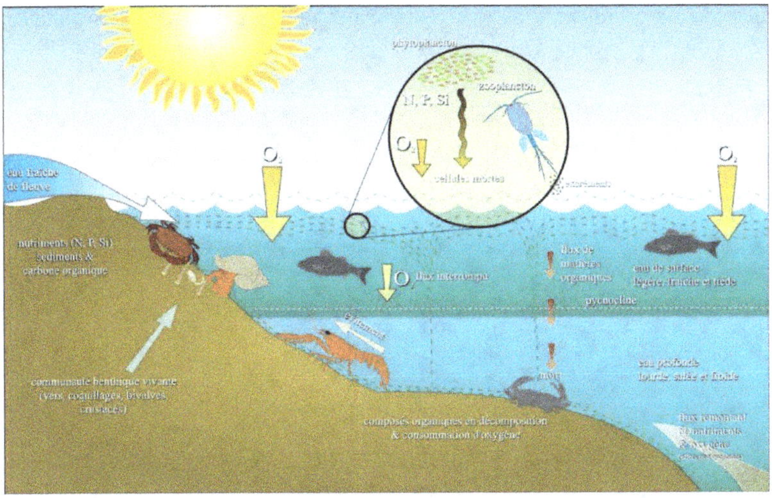

Source : M. DELARUE, 2014

Cependant, les activités anthropiques sont parfois susceptibles d'accélérer le processus d'eutrophisation; entre autres, lorsque les populations déversent d'importantes quantités de phosphore en forme de phosphate (PO_{43}) et d'azote en format nitraté (NO_3) dans l'environnement. Selon M. DELARUE (2016, P1) un lac peut alors se transformer en marais en quelques dizaines d'années seulement. Dans ce cas, l'eutrophisation est considérée comme une contamination qui affecte la qualité de l'eau et de l'écosystème aquatique toute entière. Cette contamination commence par la colonisation de la surface du lac par des plantes aquatiques, d'algues, de phytoplancton et de bactéries photosynthétiques (des cyanobactéries). L'abondance de ces végétaux font que les herbivores aquatiques n'arrivent plus à les consommer entièrement. Il se forme donc une pellicule verdâtre à la surface de l'eau ; ce qui bloque la lumière et l'empêche d'atteindre d'autres espèces végétales qui vivent dans les couches profondes du lac. Comme les végétaux de profondeur ne peuvent plus effectuer la photosynthèse, ils meurent. Ils sédimentent alors au fond du lac, où ils sont décomposés par des bactéries et des microorganismes. À la suite de l'apport constant de matières organiques sur les fonds lacustres, les bactéries se multiplient. Elles utilisent alors davantage d'oxygène afin de réussir à décomposer le surplus de matières organiques. L'oxygène dissous devient plus rare et les animaux aquatiques en souffrent. Par manque d'oxygène, ils cessent de se reproduire et meurent. Même les bactéries vont aussi venir à mourir puisqu'elles finiront par aussi manquer d'oxygène. Tous ces organismes morts s'accumulent au fond du lac où ils forment une épaisse couche de vase, soutient le même auteur. Finalement, l'accumulation de sédiments au fond du lac provoquera sa dégradation progressive à l'image de la photo 7.

Photo 6 : Phénomène d'eutrophisation de lac

Source : M. DELARUE, 2014

L'interdépendance entre les différentes sphères de la planète terre assure son équilibre : c'est le climax. Il s'illustre à ce système dont le fonctionnement de chaque élément reste indispensable au fonctionnement de tout le système à tel enseigne que le dysfonctionnement d'un pion handicape l'ensemble. Le climat planétaire ou mondial, les climats zonaux, régionaux et les microclimats de nos jours connaissent un dysfonctionnement. Cela joue en défaveur des écosystèmes naturels. Ainsi, partout en Côte d'Ivoire, le déséquilibre écologique est réel. Les irrégularités climatiques jouent sur la biodiversité, les sols et les ressources en eau.

Mais la nature est la condition première de vie des populations et leurs activités à caractère social et économique. Elle en constitue le support sans lequel les activités humaines ne peuvent se pratiquer. Ainsi le déséquilibre de ce support entraînera la vulnérabilité des activités économiques et l'inconfort des hommes eux-mêmes.

4.2-Les impacts de la péjoration du climat sur la société ivoirienne

4.2.1-Les impacts de la péjoration du climat sur la santé des populations

La couche d'ozone a pour rôle de protéger la biosphère de la planète terre. Elle constitue un rempart face au rayonnement ultra-violet du soleil qui peut produire des effets considérables sur les êtres vivants (plantes, hommes et animaux). De nos jours, avec l'introduction massive des gaz à effet de serre tels les chlorofluorocarbures (CFC) et les hydrofluorocarbures (HFC), etc. la perforation de la couche d'ozone s'accélère. Le trou d'ozone augmente. D'où les ultra-violets du soleil atteignent les êtres vivants sans filtration préalable. Cette situation donne libre cours à plusieurs pathologies liées au climat d'agir sur l'organisme humain, animal ou végétal. Parmi les pathologies humaines, certaines sont liées à l'insolation très intense. Ce sont par exemple la cataracte, le ptérygion et plusieurs maladies cutanées. D'autres sont fortement corrélées avec les irrégularités de la pluviométrie, la température, l'humidité, etc. En Côte d'Ivoire, la saison d'harmattan, période où l'on enregistre beaucoup d'aérosols dans l'air, est responsable de plusieurs maladies. On citera ici les infections respiratoires aigües (IRA), la méningite, les allergies, etc. Le paludisme est également une pathologie très fréquente sur le sol ivoirien. Il a plusieurs facteurs dont le climat. Le lien entre ces pathologies et le climat ont été montré dans des études de cas présentées par deux différents auteurs de notre laboratoire de recherche. Il s'agit d'étude de corrélation entre le paludisme, la cataracte, le ptérygion.... et la péjoration des paramètres climatiques.

4.2.1.1-La saisonnalité climatique du paludisme en Côte d'Ivoire

L'organisation mondiale de la santé (OMS, 2016, p.4) définit le paludisme comme une maladie à transmission vectorielle. Elle est transmise par la piqûre de l'anophèle femelle. La transmission du paludisme à l'homme se fait à travers un insecte-vecteur. Le moustique du genre anophèle femelle pique principalement entre le coucher et le lever du soleil. L'Afrique est la zone la plus affectée par le paludisme. Elle concentre 90 % des cas et 91 % des décès liés à la maladie, selon cette même source.

En Côte d'Ivoire, le paludisme constitue la première cause de consultation et d'hospitalisation dans les formations sanitaires, nous renseignent les spécialistes de cette science. Selon les données du Ministère de la Santé et de la lutte contre le Sida de Côte d'Ivoire (MSLS, 2013, p.15) en moyenne 63 000 enfants de moins de cinq (5) ans meurent chaque année de paludisme en milieu hospitalier, soit 173 décès par jour ou huit (8) décès par heure dans le monde. De façon générale, le paludisme représente environ 32,53 % de toutes les causes de mortalité avec une incidence annuelle s'élevant à 73,58 ‰ (PNLP, 2014, p.3). Le paludisme est une maladie liée au climat en raison des conditions d'existence et de prolifération du vecteur de transmission. Ainsi, la climatologie de la santé s'intéresse beaucoup à la saisonnalité de cette pathologie. L'étude menée par S. OULOUAHOULOU (2022, Pp.53-62) a établi le lien entre le nombre de cas palustres et l'évolution des paramètres du climat dans une localité urbaine à l'Ouest de la Côte d'Ivoire. Il s'agit de la ville de Guiglo. En effet, la ville de Guiglo se situe entre les 6°32 et 6°33' Nord et les 7°29' et 7°32' de longitude Ouest (carte 7). Cette ville de par sa situation géographique en latitude jouit d'une ambiance climatique tropicale humide. Le caractère climatique particulier de cette région de montagnes est la forte pluviométrie mais avec un régime pluviométrique unimodal (à deux saisons) avec la végétation de forêt dense. Les excédents pluviométriques s'expliquent par l'orographie assez forte du relief dans la zone.

Carte 7 : Localisation de la ville de Guiglo

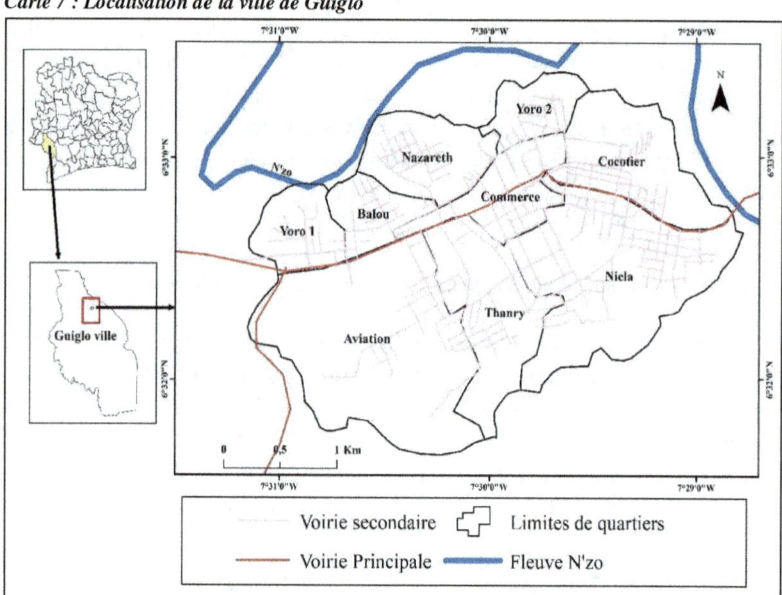

Source : S. OULOUAHOULOU, 2022

L'étude de la saisonnalité du paludisme reste intéressante dans cette région. Cette étude menée par l'auteure s'est basée sur un échantillon de 5581,64 cas de malades du paludisme dont 2315,24 cas simples et 2235,4 cas graves sur la période d'observation allant de 2016 à 2020. Les données de climat sont la pluviométrie, la température et l'humidité relative allant de 1980 à 2020 de la station météorologique d'observation de Guiglo. Les conclusions de l'étude indiquent d'une part une corrélation plus ou moins significative entre l'évolution des paramètres du climat et le nombre de cas palustres. Par exemple, l'auteure note un lien faible de 25% entre le paludisme et l'humidité. Par contre, ce lien est assez significatif entre la pluviométrie et le nombre de cas palustres (51%). Quant à la température, précise l'auteure, elle reste négativement corrélée avec le paludisme. Même mitigé, l'analyse révèle néanmoins un lien entre les paramètres du climat et le taux du paludisme dans la ville de Guiglo. Aussi, la saisonnalité du paludisme est-elle notoire. Les différentes saisons pluviométriques ont une forte influence sur le développement du paludisme. Selon la même source, en saison pluvieuse entre 2016 et 2020, l'on a pu enregistrer une moyenne de 3722,24 ; soit 66,68 % de cas de paludisme contre 177,97 (33,31"%) cas moyen sur la même période en saison sèche. C'est donc dire que la saison humide favorise davantage les conditions climatiques des gîtes larvaires des anophèles.

Néanmoins, il est à retenir que le lien entre le climat et le nombre de cas palustres est dans l'ensemble moyen. Cela signifie que les conditions climatiques en un lieu à un moment donné, ne suffisent pas pour expliquer l'évolution du paludisme. Les conditions environnementales comme la présence des ordures, la végétation mal entretenue et à proximité des habitations, les eaux usées qui circulent à l'air libre, la présence du bétail dans les concessions, les anciens pneus remplies d'eau, etc. sont autant de conditions qui peuvent favoriser la nidation des anophèles.

4.2.1.2-Le lien étroit entre l'évolution du climat et la cataracte et le ptérygion

Le changement climatique a des impacts multiformes. De nos jours, le corps humain, en raison d'une forte exposition au soleil, notamment sous les tropiques soumet les sujets à des risques de maladies. En effet, la destruction de la couche d'ozone, filtre qui protège la biosphère des effets néfastes du rayonnement solaire, est nul doute une cause de nombreuses pathologies humaines. À défaut, cette destruction progressive de la couche d'ozone accentue certaines de ces maladies.

En Côte d'Ivoire, elle serait la première cause de cécité (Afrique reports, 2017, p7). Le programme National de Santé Oculaire et de Lutte contre l'Onchocercose (PNSOLO) estime dans son plan stratégique 2013-2016 que la prévalence de la cécité est à 1,5%. La prévalence de la cataracte est estimée à 0,8%, soit 160 000 cas (T. CERVEAU, 2017, p8). L'OMS estime que près de 25% des cas de cataracte sont liés aux expositions solaires (planche 6).

Planche 6 : Œil atteint de la cataracte

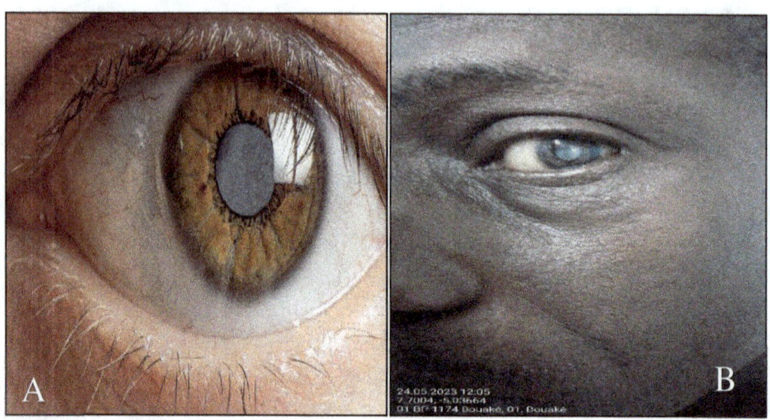

Source : K.R. COULIBALY, 2023

Et d'autre part, le ptérygion qui est une bénigne est aussi dû principalement à l'exposition solaire et peut causer une déficience visuelle lorsque l'individu est fortement ou fréquemment exposé aux rayons ultra-violets (I. Haberfeld, 2020, p1) comme le montre la planche 8. En effet, le cristallin peut être lésé par les ultraviolets avec pour conséquence une apparition plus précoce de 5 à 10 ans de la cataracte (A. DE FRANSSU, 2016, p6), et lorsque les rayons ultraviolets-B atteignent la conjonctive, cela conduit à des néoformations comme le ptérygion (planche 7). Des études estiment à 600 000 cas les personnes en attente de chirurgie de ces pathologies visuelles comme la cataracte et le ptérygion auxquelles s'ajoutent annuellement au moins 10% des cas estimés, soit 60 000 cas (SANTE, 2022, pp2-4 cité par K.R. COULIBALY (2023, p.33).

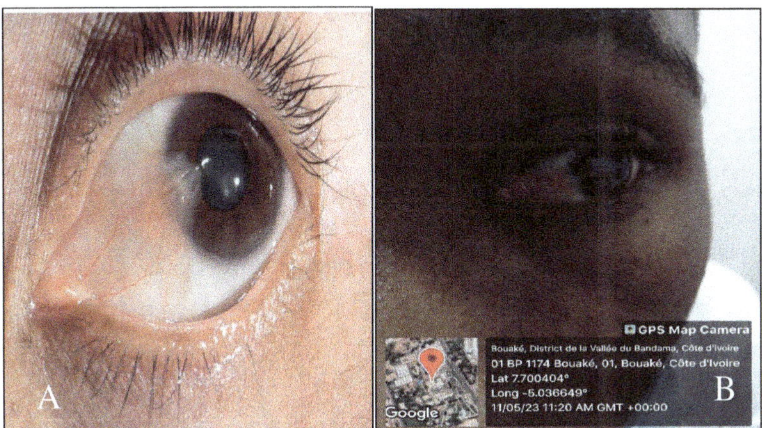

Source : K.R.COULIBALY, 2023

Analyse de corrélation entre l'évolution de l'insolation et les deux pathologies

Une étude de cas réalisée par K.R. COULIBALY (2023, Pp.77-86) a montré que les paramètres de l'insolation ont connu une augmentation entre 2000 et 2020 dans la ville de Bouaké située entre 7°40' et 7°41' de latitude Nord et entre 4°56' et 5°21' de longitude Ouest (carte 8).

Selon cette étude, Toute la clarté de l'insolation du ciel (CIC) a atteint un maximum de 0,495 w/m² en 2019 contre seulement 0,458 w/m² en 2004 comme minimum. De son côté, le rayonnement ultra-violet A (UVA) a aussi gagné en intensité. Il était estimé à 11,866w/m² en 2019 tandis qu'il s'évaluait à 10,930 w/m² en 2005. Cela vaut une moyenne de 11,377w/m² sur la période d'observation. Enfin, le rayonnement ultraviolet B (UVB), quant à lui, a aussi gagné en intensité. En effet de de 0,305 w/m² en 2004, il a atteint un maximum de 0,352w/m² en 2019 ; soit une augmentation de 23%.

Carte 8 : Localisation de la ville de Bouaké

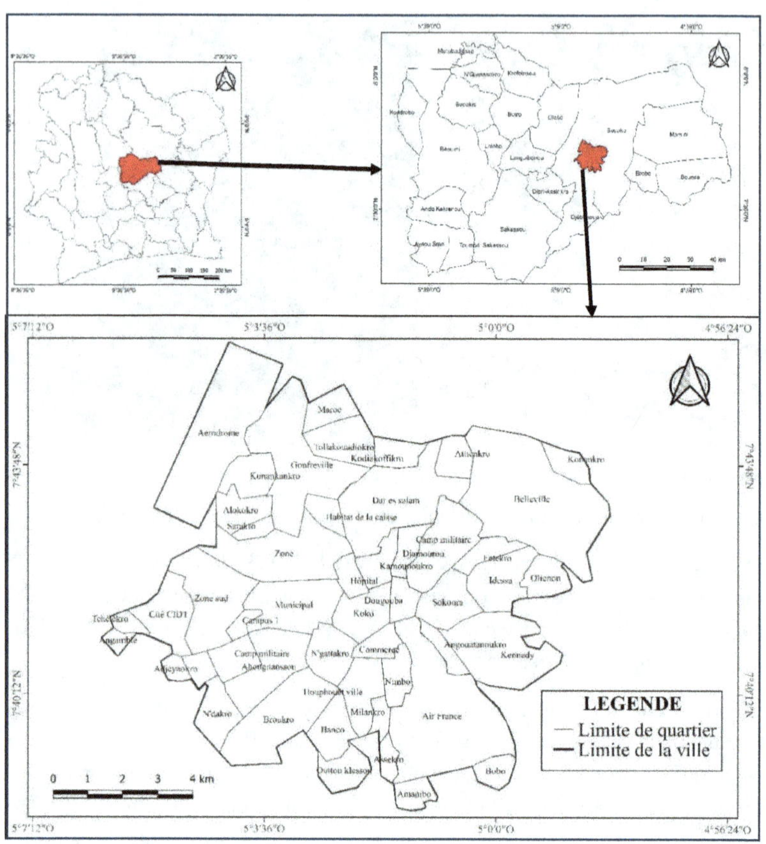

Source : K. R. COULIBALY, 2023

Cette évolution croissante des paramètres de l'insolation impacte le taux des deux maladies visuelles en Côte d'Ivoire et précisément dans la ville de Bouaké, ajoute la même source. En effet, la cataracte et le ptérygion ont vu leur taux de consultation à la hausse au cours de la période d'observation au Centre Hospitalier Universitaire (CHU) de Bouaké. D'environ 200 cas de consultation en 2011, ce taux a atteint 443 cas de cataracte en 2019. Au niveau du ptérygion, le maxima a été enregistré en 2013 ; soit 202 cas contre 96 cas enregistrés. Le ptérygion a donc connu une baisse sensible au cours 2011 et 2020 à Bouaké.

La corrélation de Pearson entre le nombre de cas de la cataracte et les paramètres de l'insolation à travers une échelle de couleurs est illustrée par la figure 31. La couleur marron claire obtenue pour tous les paramètres de l'insolation prouve que le lien entre ces paramètres et le nombre de cas enregistrés de la cataracte est modéré. En effet, ces liens sont estimés à 24% entre la CIC et la cataracte, à 51% entre les UVA et la cataracte et enfin, à 40% entre les UVB et la cataracte (figure 30).

Figure 30 : Corrélation entre la cataracte et les paramètres de l'insolation

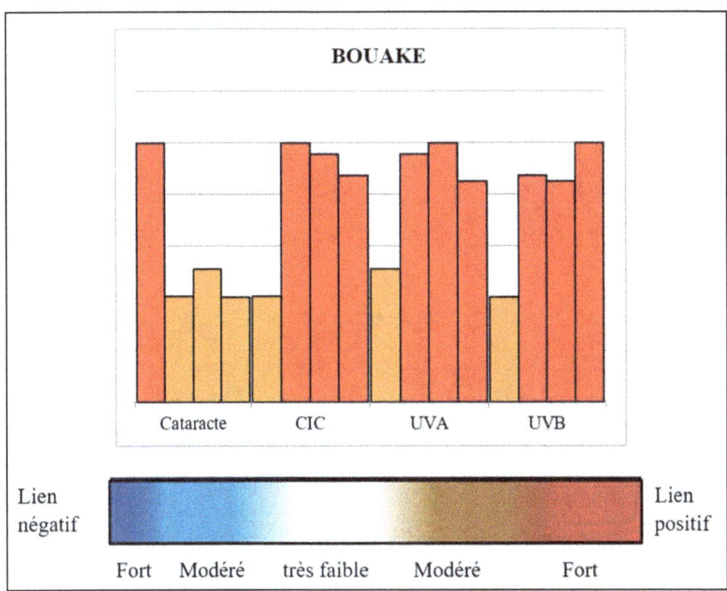

Source : K.T. COULIBALAY, 2023

La figure 31 visualisant la corrélation entre les paramètres de l'insolation et le nombre de cas enregistrés de ptérygion au CHU de Bouaké au cours de la période d'observation (2011-2020) indique la significativité et le sens de la corrélation entre ces différentes variables. La couleur bleue observée (couleur froide) dans notre cas ici montre le lien négatif entre les variables tandis que la couleur rouge indique le lien positif entre les paramètres de l'insolation et la pathologie. Ainsi les différents paramètres de l'insolation sont fortement corrélés entre eux. Mais avec le ptérygion, ils réagissent différemment. La CIC et les rayons UVB ont tous les deux, une corrélation relativement faible avec le ptérygion. Ce lien s'évalue respectivement à 0,24 (soit 24 %) à 0,29 (29 %). La couleur blanche traduit une très faible corrélation (proche de 0) entre les rayons UVA et la prévalence du ptérygion. La valeur du lien est estimée à 0,03, soit 3 % ; souligne la même source.

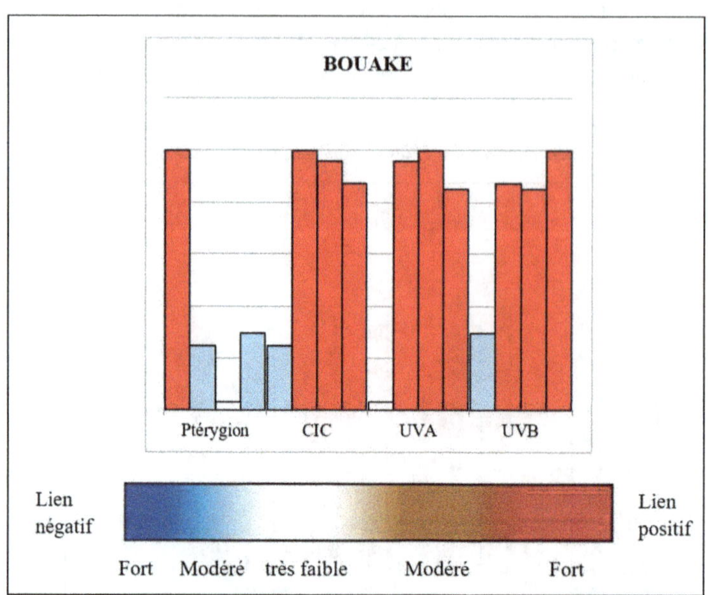

Source : K.T. COULIBALAY, 2023

L'on retient que le climat a une influence sur l'aspect biologique des hommes au même titre que les plantes et les animaux. La péjoration du climat n'est donc pas sans conséquence sur les composantes de la biosphère. La relativité entre l'homme et son climat local se justifie. En Côte d'Ivoire, la péjoration du climat a fait l'objet de nombreuses études par les chercheurs et ont fini par prouver que les phénomènes climatiques ne sont pas linéaires dans le temps et en un lieu donné. Ainsi, ces instabilités climatiques accentuent certaines pathologies chez l'homme dans son milieu. Les cas de la cataracte et du ptérygion en zone sud-soudanienne dans la commune de Bouaké et du paludisme en zone montagneuse de l'Ouest où le climat est très pluvieux sont ici édifiants. Il en est de même partout sur l'ensemble du territoire ivoirien. C'est donc dire que ces pathologies ne sont pas singulières et typiques aux différentes zones climatiques considérées.

4.2.2-Les impacts de la péjoration du climat sur l'habitat et les biens matériels

L'érosion des côtes ivoiriennes a pour cause principale, la montée du niveau des mers due à la fonte des glaciers dans les régions climatiques froides comme le montre cette situation inquiétante de cet animal qui voit son habitat naturel l'abandonner (photo 8). Cette fonte des calottes glaciaires trouve son explication dans le réchauffement de la planète.

En Côte d'Ivoire, la montée du niveau des mers a d'énormes impacts sur la vie quotidienne des populations du littoral. L'étude diachronique du littoral de Grand-Bassam réalisée par A.H.J. BEDA (2017, p.82) entre 1989 et 2015 révèle une situation très alarmante.

Photo 7 : Fonte des glaciers dans les régions froides de la planète

Source : www.lemagdesanimaux.fr

L'érosion des terres s'accompagne de la destruction des biens matériels comme les habitations, les équipements et infrastructures socio-économiques, etc. (planche 8). A Lahou-Kpanda, la scène est plus macabre. En effet, les rangées de cocotiers qui servaient autrefois de transition entre la mer et les habitations sont aujourd'hui quasi inexistantes. Dans cette localité du littoral ivoirien, l'eau de la mer avance à une vitesse effroyable et les terres habitables sont peu à peu submergées. Depuis quarante ans, le rivage nord est submergé par l'eau de mer à raison de 1 à 2 mètres par an.

Source : A.H.J. BEDA, 2017

L'érosion a même entraîné la délocalisation de la ville de Grand-Lahou à près de 18 km de l'autre côté de la lagune (ABE et al, 1993 cité par B.R. ZONKOUAN, 2017, p.46). Le phare et plusieurs poteaux d'électrification ont également été emportés. Le quartier résidentiel de la ville coloniale a disparu... Les migrations des habitants sont quasi-quotidiennes dans ces localités côtières du pays ; ce qui fragilise énormément les activités génératrices de revenus pour ces populations.

L'environnement côtier ivoirien dans son ensemble subit les affres des changements climatiques planétaires. Le continent est peu à peu rongé par et au profit des eaux marines et océaniques. Les réalisations humaines et biens d'équipements sont emportés. Les activités à caractère économiques balnéaires sont véritablement menacées par ce phénomène climatique et l'on manque véritablement de solutions durables pour y faire face. Les constructions de murs, de digues, etc. ont jusqu'à nos jours montré des limites.

4.3. Les impacts des irrégularités pluviométriques sur les activités économiques

En Côte d'Ivoire, comme partout sous les tropiques, la pluviométrie et les températures sont la norme principale de la composante climatique. Les irrégularités pluviométriques ont des effets négatifs sur les activités socio-économiques. Leurs effets sont encore plus notables sur le secteur primaire constitué de l'agriculture, l'élevage et la pêche. Or, ce secteur représente près de 32% du PIB et occupe environ 60% de la population active (MINAGRA, 1996, p. 3).

4.3.1. Les impacts sur les activités agricoles

L'agriculture ivoirienne est essentiellement une agriculture sous pluie. La bonne campagne agricole se mesure à l'aune des quantités chutées au cours de l'année. Les effets de l'irrégularité pluviométrique sont nettement visibles et multiformes sur le secteur agricole en Côte d'Ivoire. Cependant, d'une culture à l'autre, les impacts de la pluviométrie divergent. La présente analyse porte un regard sur le cas de trois (3) cultures représentant à la fois de grands types d'agriculture beaucoup pratiqués en Côte d'Ivoire. Deux parmi elles (le cacao et le coton) sont à vocation commerciale ; donc destinées à l'exportation. Le cacao, produit-emblème du pays est pratiqué dans les régions forestières du Sud. C'est une culture pérenne. La culture du coton a longtemps été une agriculture-porte flambeau de l'économie paysanne dans les régions de savanes ivoiriennes. Elle a certes connu un moment de déclin mais connaît de nos jours, une relative reprise à côté de l'anacarde. Le riz est une culture vivrière et pratiquée dans toutes les contrées ivoiriennes. Elle est une culture de subsistance et beaucoup consommée. Le riz apparaît comme l'aliment par excellence de l'Ivoirien et des Africains de l'Ouest. Il est l'aliment le plus consommé en Afrique de l'Ouest et par ricochet en Côte d'Ivoire. Le riz cultivé en Côte d'Ivoire connaît plusieurs variétés et se pratique sous différentes formes : *riz de bas-fond, riz irrigué, riz pluvial, etc.* Mais notre analyse se focalisera sur le lien entre la riziculture pluviale et le climat.

4.3.1.1-Les impacts des irrégularités pluviométriques sur la cacaoculture en zone forestière ivoirienne

La sous-préfecture d'Oupoyo est située dans le Sud-Ouest ivoirien entre les latitudes 6°0.0''N et 18°0.0''N et les longitudes 0°0.0''O et 30°0.0''O (carte 9). Cette zone appartient à la région ivoirienne où la pluviométrie est très abondante (environ 2300 mm en moyenne par an). Mais cette zone géographique située au cœur de la forêt dense ivoirienne avec des cumuls pluviométriques abondants, connaît des difficultés liées à la production de cacao, principale source de revenus de la population. Malgré l'abondance des précipitations, l'on note des irrégularités pluviométriques saisonnières défavorables à la production de fèves de cacao.

Carte 9 : Localisation de la sous-préfecture d'Oupoyo

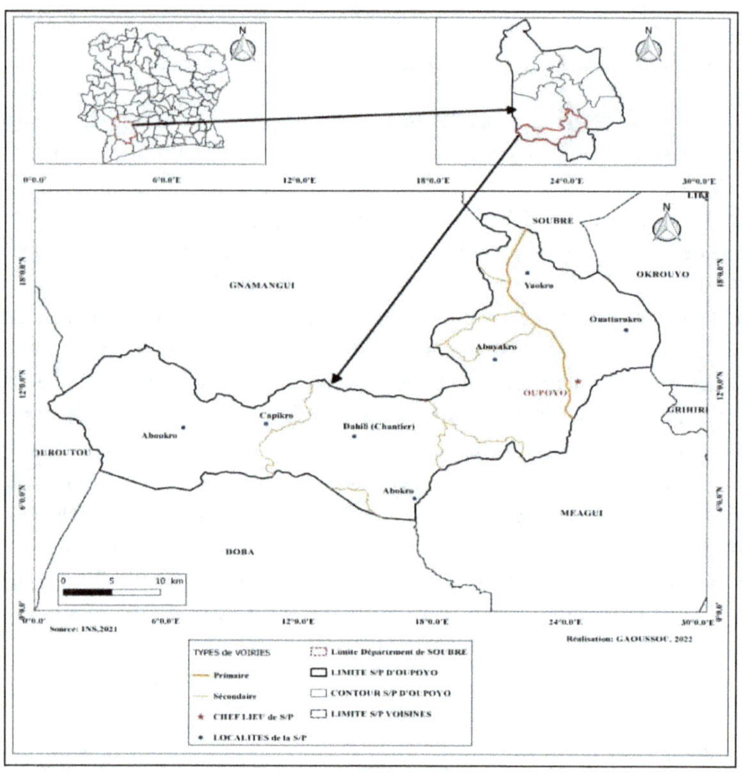

Source : T.G.YEO, 2023

Dans cette localité, le rapport entre la pluviométrie (variable explicative) et la production cacaoyère (variable expliquée) indique un lien significatif. Le coefficient de détermination « r », selon la matrice de corrélation de Pearson est estimé à 0,88 ; soit 88% entre la pluviométrie et la production cacaoyère. Cela confirme le lien positif et rigide entre ces deux variables. Ce chiffre semble fortement vraisemblable dans la mesure où le facteur climatique essentiel au niveau de la production agricole en général et celle du cacao en particulier reste la pluviométrie. En effet, il est toujours admis que « le cacaoyer est une culture tropicale qui exige une pluviométrie abondante avec une température constamment élevée », souligne K. R. KOUAME (2019, p9) cité par T.G. YEO (2023, p.15). Cependant, la matrice présente une corrélation estimée à 88% (tableau 6). Ce manque à gagner, estimé à 12% pourrait s'expliquer par l'importance d'autres facteurs dans la production de cacao dans cette zone. Il peut s'agir de la température et de l'humidité comme facteurs climatiques additionnelles. Mais les facteurs édaphiques pourraient également être importantes pour une bonne productivité du cacao.

Il importe de noter que la pluviométrie et les facteurs annexes du climat contrôlent en partie la production cacaoyère. En effet, pour que le cacaoyer ait une croissance régulière, des poussées foliaires normales et bien reparties au cours de l'année, une bonne floraison et une fructification abondante, de nombreux facteurs climatiques et écologiques interviennent. Ce sont entre autres une bonne alimentation en eau (1500 à 2500 mm), une température optimale (environ 25 °C), une humidité relative comprise entre 75 et 80% et des sols qui assurent une bonne rétention en eau (LACHENAUD, 1992, p.4 cité par P. SAGNA et al., 2021, p.74).

Tableau 6 : Corrélation entre pluviométrie et production cacaoyère selon Pearson

Quantité	Pluviométrie	Production-cacao
Pluviométrie	1	0,88
Production-cacao	0,88	1

Source : P. SAGNA et al, 2021

En Côte d'Ivoire d'une façon générale, la grande saison de pluie connaît un raccourcissement. Elle est passée de six à quatre mois de pleine-pluie (avril, mai, juin, juillet) et les tendances pluviométriques sont à la baisse même si l'on enregistre des années où la pluviométrie excède. Mais le plus souvent, ces quantités énormes de pluie profitent peu au cultivar. Les pluies véritablement profitables à la plante sont celles qui sont bien reparties sur les périodes sensibles ou phénologiques de son développement (période de germination, foliation, floraison, fructification). Or, selon Monsieur Emile Gnaoré, agent de l'ANADER à Taï dans le Sud-Ouest de la Côte d'Ivoire, la baisse des précipitations pendant la saison de pluie a une incidence sur la production cacaoyère, rapporte S.L. KOUASSI (2018, p 55) dans son étude sur le lien entre la pluviométrie et la production cacaoyère dans la région de Taî dans le Sud-Ouest ivoirien. Elle en limite l'activité phénologique (Figure 32). Durant une bonne moitié des années déficitaires, les besoins en eau du cacaoyer ne sont pas satisfaits au cours de la grande saison pluvieuse. Cette situation met le cacaoyer dans une situation de besoin hydrique accru, notamment dans cette phase cruciale de sa phénologie.

Figure 32 : Évolution de la production du cacao en fonction de la pluviométrie dans la sous-préfecture de Taï au Sud-ouest ivoirien (1980-2016)

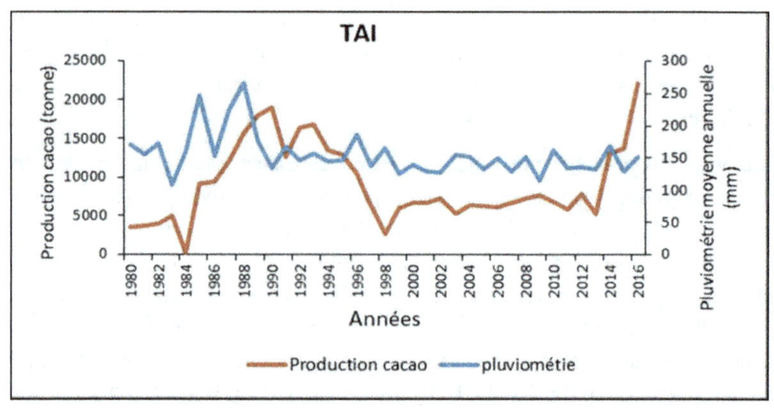

Source : S.L. KOUASSI, 2018

Cette contrainte hydrique prolongée n'entraîne pas que la mort des jeunes plants, mais également celle des plantes adultes. Pendant la deuxième phase de floraison et de fructification qui se déroule en décembre, un nombre important de cherelles de cacao n'arrive pas à terme. Ces cherelles jaunissent et sèchent. Cette situation réduit la quantité des fruits formés devant constituer les cabosses. Ce stress hydrique se traduit également par de petites tailles des fèves et moins riches en beurre de la cabosse comme l'illustre la photo 9. D'où la baisse de la production (B.I. DIOMANDE et al, 2020).

Photo 8 : Malformation d'une cabosse dans une plantation cacaoyère à Taï

Source : B.I. DIOMANDE et al., 2020

La température reste également un paramètre du climat qui peut avoir des effets sur la cacaoculture. Elle peut entraîner l'assèchement du milieu écologique ainsi que des effets indésirables pendant le cycle de développement des plantes. La température représente donc un indicateur de renseignement sur les processus physiologiques tels que la foliation et la photosynthèse qui peuvent engendrer d'autres effets néfastes En effet, les systèmes culturaux traditionnels ont presque détruit par brûlis plusieurs hectares de de forêts en Côte d'Ivoire. La plupart des plantations ont été quasiment créées d'emblée sans ombrage et les cacaoyers sont pour la plupart exposés directement au rayonnement solaire. De nos jours, avec la destruction progressive et accélérée de la couche d'ozone, les rayons UVB causent d'énormes conséquences sur les espèces floristiques. Par ailleurs, les températures à la hausse au niveau planétaire, pourraient provoquer d'autres déconvenues liées à la productivité cacaoyère. Ces phénomènes sont susceptibles d'expliquer le dessèchement des fleurs et des cherelles que l'on observe ces dernières années dans certains vergers (planche 9).

Tous ces facteurs d'ordre climatique associés à d'autres mauvaises conditions (édaphiques et socio-économiques) sont nul doute, les fondements d'un recul des superficies, de la baisse de la production ou d'une récolte cacaoyère souvent prématurée ou retardée dans certaines zones de production de cacao ivoirien.

Planche 9 : Fruits et cherelles de cacao séchés par les mauvaises conditions du climat dans une plantation à Ponan (Nord de Taï)

Source : B.I. DIOMANDE et al, 2020

4.3.1.2-Les impacts de la pluviométrie sur la cotonculture en zone de savane ivoirienne

Le coton est une culture annuelle. Le cotonnier est une plante moins exigeante en besoin hydrique à la différence du cacaoyer. C'est pourquoi, la cotonculture est généralement pratiquée dans les régions de savane ivoirienne en zone climatique soudanienne où la moyenne pluviométrique oscille entre 1000 et 1200 mm par an avec une température moyenne annuelle de plus de 27°C. Il s'agit d'une zone à régime pluviométrique unimodal. Même si les conditions hydriques du cotonnier sont relativement moindres, les irrégularités climatiques ont des impacts sur son plein épanouissement phénologique qui varie entre 105 à 150 jours selon les variétés (HAU et al., 1987, p79). Une étude menée dans le septentrion ivoirien par Y. KEITA (2023, pp.64-70) sur le lien entre les modifications des paramètres climatiques et la culture du coton est ici novatrice. La sous-préfecture de Korhogo est une entité territoriale située dans le département de Korhogo, District des Savanes, au Nord de la Côte d'Ivoire. Elle est située entre 9°40' et 9°60' de latitude Nord et entre 5°60' et 5°90' de longitude Ouest (Carte 10).

Carte 10 : Localisation de la sous-préfecture de Korhogo

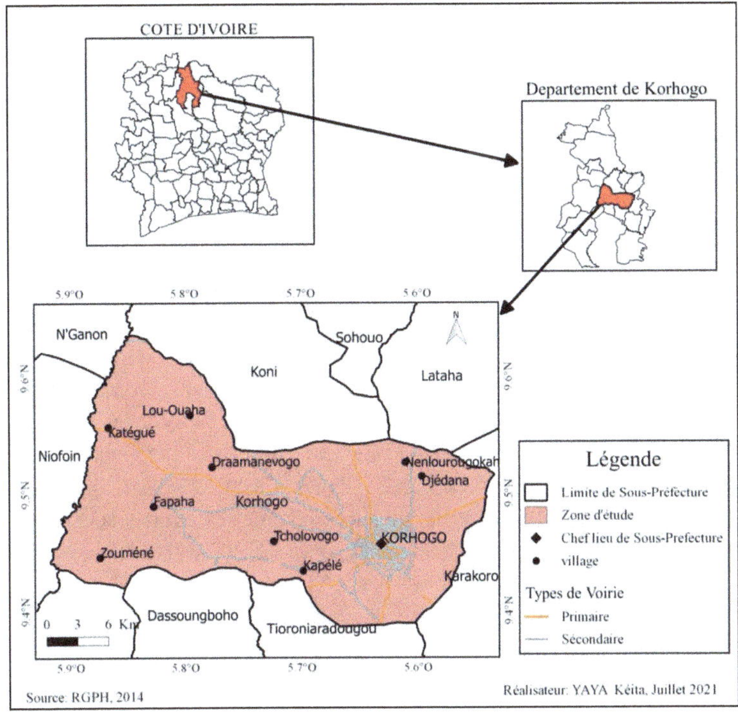

Source : Y. KEITA, 2021

Selon l'auteur, les irrégularités observées dans l'évolution des paramètres climatiques ont des effets significatifs sur la production cotonnière dans cette région.

Les quantités de pluie et les températures sont des facteurs climatiques qui agissent sur la production de coton. Pour quantifier la significativité des liens entre les facteurs du climat et la production de coton, Y. KEITA (2021, p.66) a utilisé la matrice de corrélation de Pearson. Cette matrice lui a permis d'établir ce tableau 7 de valeur suivante. Elle est basée sur les moyennes pluviométriques, thermiques et les quantités brutes de production cotonnière entre 2009 et 2016 recueillies dans la sous-préfecture de Korhogo.

Tableau 7 : Corrélation entre les facteurs climatiques et la production cotonnière

Variable	Pluie	Température	Production-coton
Pluie	1	- 0,02	0,41
Température	- 0, 02	1	0,42
Production-coton	0,41	0,42	1

Source : Y. KEITA, 2021

À la lecture de cette matrice, plusieurs constats s'imposent. En effet, l'on s'aperçoit du degré de significativité des liens entre la production de coton et les principaux facteurs du climat. Ainsi, la pluviométrie est corrélée avec la production de coton à 41%. Ce lien est certes en dessous de 50%, mais il reste relativement sensible et par ailleurs positif. C'est-à-dire que la production de coton augmente selon la bonne pluviométrie. Par contre avec la température, le lien est plus significatif à hauteur de 0,01%. La corrélation est également faible mais positif. Les liens positifs entre les facteurs de climat mentionnés et la production de coton semble beaucoup vraisemblable. En effet, le cotonnier admet les climats chauds et à pluviométrie atténuées comme les climats soudaniens ivoiriens. Selon PARRY (1982, p.90) cité par Y. KEITA (2021, p. 70), la température minimale de croissance est de 15°C et la température optimale se situe entre 27°C et 32°C. Mais les liens en-dessous de 50% pourraient s'expliquer par le rôle prépondérant d'autres facteurs expliquant la production de coton dans cette zone de Korhogo. Il peut par exemple s'agir des conditions de lumière (climat), de sols et même des conditions socio-économiques au cours de cette période 2009-2016.

Les irrégularités pluviométriques font partie des conditions de recul des productions cotonnières. Le déficit hydrique perturbe moins le développement et la croissance des capsules que l'expansion foliaire, la rétention des organes reproducteurs et la croissance végétative. De façon générale, il est admis que les effets des changements climatiques se présentent dans nos régions sous forme de variations conséquentes des productions agricoles. Cette insuffisance de pluie est souvent la cause de présence des insectes ravageurs qui rongent les feuilles et en empêchent leur développement harmonieux ; ce qui est parfois cause de mauvaise production. L'insuffisance de pluviométrie est toujours conséquence d'une mauvaise production. Car, les plantes n'arrivent pas à boucler de façon satisfaisante leur cycle phénologique.

Mais dans la zone de Korhogo, les irrégularités de la pluviométrie, en dépit de la baisse sensible, ne sont pas encore au point de perturber conséquemment la production de coton. En effet, les variations de la pluviométrie observées entre 1960 et 2019 dans la zone de Korhogo ne sont pas de nature à affecter négativement et profondément la production cotonnière. Les minimas observés ne varient qu'entre 800 et 900 mm par an. Cela reste encore suffisant pour le cotonnier. Selon Y. KEITA (2021, p.61), l'exposition des champs de coton à des températures fortes provoquent des dégâts appelés « schilling » perte de turgescence d'un nombre croissant de feuilles pouvant aller dans les cas extrêmes jusqu'à la mort de la plante. Une forte chaleur est synonyme de manque de pluie, cette dernière étant un facteur incontournable de la production peut être à la base de la baisse de la productivité cotonnière.

4.3.1.3-Les impacts de la pluviométrie sur la riziculture pluviale en zone forestière

La notion de riziculture pluviale reste un peu complexe. En effet, il existe deux types de riziculture pluviale : riziculture pluviale stricte et riziculture de bas-fond. Le riz pluvial strict est cultivé sur des sols drainés (plaine, pente, en haute altitude du niveau de la mer). Le riz pluvial de bas-fond est mis en culture sans une maîtrise complète de l'eau car celle-ci dépend de la pluie et des eaux de ruissellement (BONSON, 2010, p.4). Cependant, l'auteur détermine trois techniques de riziculture que sont la riziculture pluviale de plateau, la riziculture pluviale de bas-fond inondable et de la riziculture irriguée.

En Côte d'Ivoire, le riz pluvial est cultivé sur les plateaux et dans les bas-fonds des différents espaces régionaux. K.M.P. KONAN (2015, p. 13) affirme que le riz a des exigences écologiques à l'image de toutes les plantes cultivées. Il a donc des exigences en sol, en altitude, en chaleur, en eau, en lumière et en hygrométrie. Le besoin en chaleur de la plante du riz est fonction du stade de développement. Du stade de germination à la maturation, la température exigée par la plante varie d'un minimum de 14 -16°C à un optimum de 30-35°C. Selon le même auteur, une température qui excède 40 °C est nuisible à la plante. À 50 °C, la plante de riz meurt.

D.J. GUEBO (2022, p.45) a mené une étude sur le lien entre le riz pluvial et le climat dans la zone forestière de Gagnoa au Centre-Ouest du pays. En effet, la sous-préfecture de Gagnoa a des coordonnées géographiques comprises entre 5°39' et 6°13'W en longitude et entre 5°46' et 6°19'N entre latitude (carte 11). La région est soumise à un climat subéquatorial atténué. La sous-préfecture de Gagnoa reçoit en moyenne par an plus de 2000 mm et une température moyenne annuelle de 25,2°C. Elle est l'une des zones par excellence de la culture du riz à l'échelle de la Côte d'Ivoire. Le riz fait partie des habitudes alimentaires des populations autochtones et allogènes de la région et le climat s'offre à la pratique de cette culture. Il est difficile de parler de sécheresse agricole au niveau de la culture du riz pluvial dans cette zone de Gagnoa. Cependant les irrégularités pluviométriques sont une réalité.

Carte 11 : Localisation de la sous-préfecture de Gagnoa

Source : D.J. GUEBO, 2022

Cette étude précise que les besoins en eau du riz varient en fonction de ses principales phases de développement. Par exemple, en culture sèche, la plante exige environ 300 mm par mois pendant la période végétative ; soit environ1800 mm d'eau pour couvrir son cycle. Les fortes pluies sont nuisibles à l'épiaison et en période de moisson. En termes de lumière, le riz exige une bonne insolation. La valeur optimale de rayonnement solaire est de 500 calories / cm² / jour car la photopériode agit sur le cycle biologique du riz et son rendement. Lors de la floraison, une humidité de 70 à 80 % est exigée. L'action du vent léger est favorable à la plante tandis que les vents forts lui portent gravement atteinte.

Tout cela montre le lien étroit entre le climat et la riziculture pluviale. L'on retient que les irrégularités du climat ont de réels impacts sur les systèmes culturaux en Côte d'Ivoire. Ces impacts sont multiformes tant en zones écologiques forestières que savanicoles et d'une culture à l'autre. Les impacts s'observent également au niveau des catégories ou types de cultures : pérennes ou annuelles / industrielles ou vivrières.

L'exemple de la riziculture montre que les impacts du climat n'ont pas forcément la même intensité sur les différentes variétés d'une même culture donnée. Ainsi, pour la riziculture pluviale, l'impact varie d'un système de production rizicole à un autre. L'analyse faite indique que le système de riziculture pluviale de plateau est celle qui subit plus l'impact des irrégularités de la pluviométrie. La riziculture pluviale irriguée subit faiblement les contrecoups des exigences pluviométriques tandis que la riziculture de bas-fond reste inflexible face aux effets pervers de la pluviométrie.

4.3.2 Les impacts des irrégularités climatiques sur les activités pastorales

L'activité d'élevage bovin se pratique sur toute l'étendue du territoire national avec une forte prédominance des bovins au Centre et au Nord du pays (Ministère de la Production Animale et des Ressources Halieutique, 2013, p.2). Le Nord et le Centre de la Côte d'Ivoire sont biogéographiquement occupés par la savane. Mais cette savane a plusieurs variantes (préforestière, boisée et arborée, etc.). Il s'agit donc de domaines savanicoles riches de leurs composantes floristiques. Cela reste un atout pour l'activité pastorale bovine où les troupeaux ne vivent que du don de la nature. La forte humidité perturbe le bien-être sanitaire des troupeaux ; notamment les bovidés. La zone écologique des savanes ivoiriennes offre donc d'excellentes conditions pour la pratique de l'élevage bovin. Mais avec les irrégularités du climat, cette activité éprouve de plus en plus de difficultés dans sa pratique. Au sein de cette vaste zone d'élevage de bovins, la vallée du fleuve Bagoué dans le septentrion ivoirien présente la plus grosse concentration de Zébus du pays (soit 60% selon le BNETD et la DRC, 1975). Une étude réalisée dans la région administrative de la Bagoué (Nord de la Côte d'Ivoire), précisément dans la sous-préfecture de Boundiali en témoigne. Cette entité géographique est située entre les 9e et le 10e degrés de latitude Nord, puis les 6e et 7e degrés de longitude Ouest. Sa superficie est de 1482 km^2 (carte 12).

L'étude réalisée par T.A. SANOGO (2016, pp 62-69) indique une corrélation importante entre l'évolution des paramètres du climat et la production animale bovine. Selon l'auteur, la pluviométrie, la température, l'humidité relative, le vent, l'indice d'inconfort, l'ensoleillement… sont des facteurs climatiques qui agissent par interaction sur les performances d'élevage, notamment la production de viande et de lait.

Carte 12 : Localisation de la sous-préfecture de Boundiali

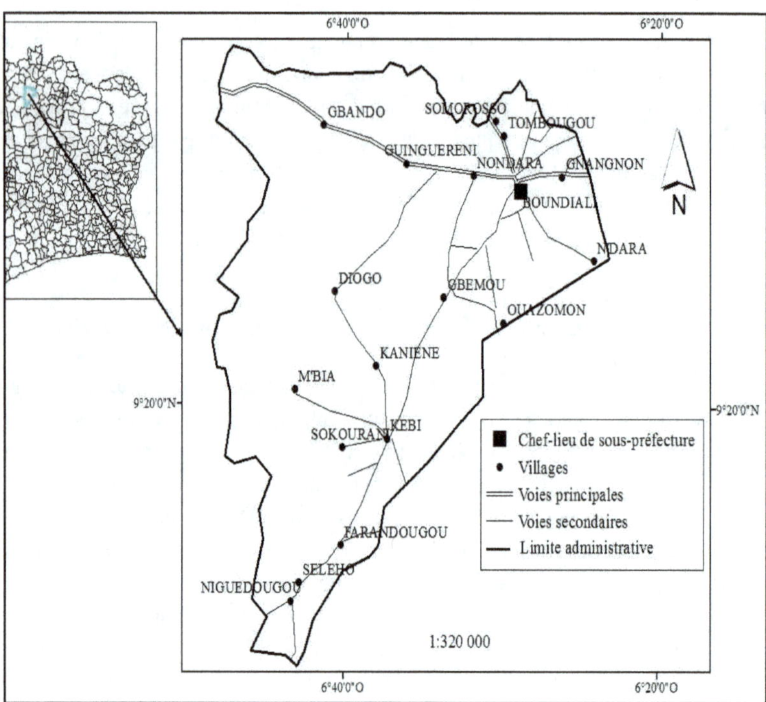

Source : T.A. SANOGO, 2016

Parmi ces éléments du climat, bon nombre d'auteurs s'accordent sur le fait que la température agit le plus sur la production et la composition chimique du lait. Ainsi l'indice de température et d'humidité (ITH) a été utilisé pour évaluer le confort thermique chez les bovins (figure 33).

Les conclusions de l'étude de T.A. SANOGO (2016, p. 65) mentionnent que les valeurs de l'ITH signifient que dans la sous-préfecture de Boundiali, les bovins sont soumis à un niveau de stress thermique évoluant entre *"moyen" et "modéré"*.

La période de "*stress moyen*" (ITH compris entre 75 et 78) s'observe entre juin et février. Quant à la période de stress thermique modéré (ITH > 78), elle part de mars à mai. Les conséquences de cette évolution de l'ITH varient suivant les saisons pluviométriques de l'année. Au cours de la saison des pluies (mai-octobre), la baisse de la température entraîne une baisse de la chaleur corporelle des vaches. Dès lors, celles-ci mangent beaucoup et la production de lait augmente.

En revanche, pendant la saison sèche, la chaleur corporelle des vaches augmente avec la température. Par conséquent, elles cherchent de l'ombre pour s'abriter et mangent peu pour limiter la chaleur corporelle en digérant. Cela entraîne la baisse généralisée de la production laitière. Selon l'auteur, ce témoignage de M. SIDIBE, Chef du campement de Flabougoussourouni (périphérie nord de la ville de Boundiali), en ces termes reste révélateur :

« Une vache qui produit cinq litres de lait en saison des pluies n'en produit que deux en saison sèche et une autre qui produit un litre en saison des pluies n'en produit qu'un demi-litre en saison sèche ».

Figure 33 : *Relation entre température, humidité relative et état de stress chez les bovins*

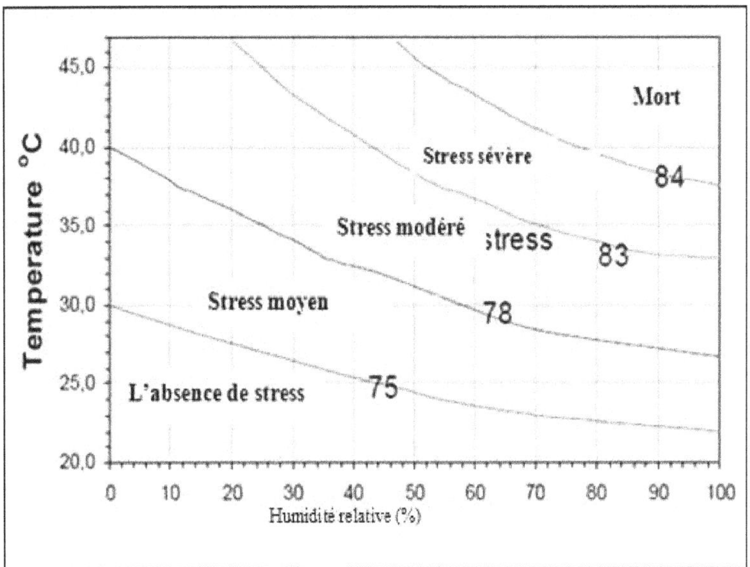

Source : T.A. SANOGO, 2016

D'une année à l'autre, l'on remarque une évolution progressive du niveau de stress thermique vers les niveaux supérieurs (sévère et dangereux) illustrée à la figure 34. En effet, de 2005 à 2014, le niveau du stress thermique a évolué entre *"absence de stress"*, notamment de 2005 à 2009 (ITH < 75) et *"stress moyen"* (ITH > 78) entre 2010 et 2014. Certes, le cheptel bovin augmente en fonction du temps, mais si le niveau de stress thermique continue de progresser vers les niveaux supérieurs, cela entraine des effets négatifs sur les productions animales, précise l'auteur.

Figure 34 : Évolution interannuelle du stress thermique chez les bovins à Boundiali

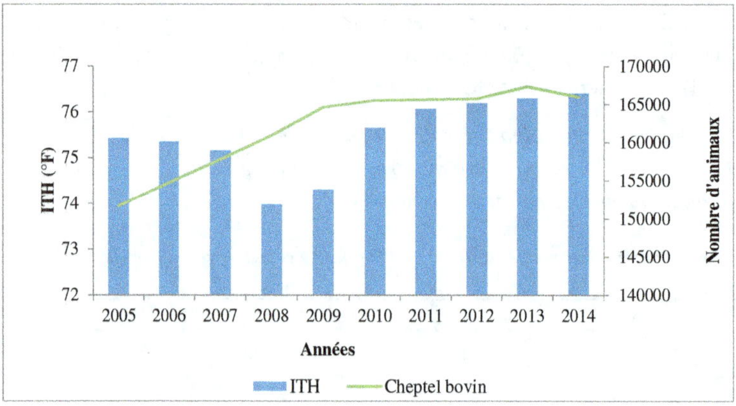

Source : T.A. SANOGO, 2016

L'irrégularité climatique se traduit par l'intensification de la sécheresse et la hausse des températures sur la santé des animaux à Brobo au Centre du pays. Pour les éleveurs, l'alternance de la saison pluvieuse et de la saison sèche favorise la prolifération des maladies. En période de saison sèche, un manque d'herbes est observé. Cela impacte la sécurité alimentaire des troupeaux. Cette situation affecte la santé des animaux du fait du manque de graisse. Ils maigrissent. Ces troubles de santé chez les animaux ont des signes particuliers ; ce sont par exemple le refus de s'alimenter ou les diarrhées (F. SANGARE, 2017, p.59). La santé animale connaît, dans la commune de Brobo, un développement des maladies diagnostiquées et non diagnostiquées (photo 10). Ainsi, l'auteur rapporte en ces termes les affirmations de Monsieur Ouattara, responsable des vétérinaires à Brobo :

« Très peu d'éleveurs dans cette zone font recours aux déparasitants gastro-intestinaux modernes et ne pratiquent presque jamais la vaccination ni le dépiquage de leurs troupeaux de bœufs ».

Photo 9 : Vaccination de son troupeau opérée par monsieur Sidibé lui-même à Brobo

Source : F. Sangaré, 2018

4.3.3-Les impacts des irrégularités climatiques sur les pêcheries continentales

En Côte d'Ivoire, l'évolution irrégulière des paramètres climatiques entraîne d'emblée la réduction des volumes et des superficies des plans d'eau. Le secteur de la pêche et l'aquaculture représente 2,1% du PIB agricole et 0,74 % du PIB total selon le Fond Interprofessionnel pour la Recherche et le Conseil Agricole (FIRCA, 2013, p.2). La consommation nationale de poisson est de 320000 tonnes/an et couverte seulement à 13% par la production locale. En dépit de cette balance déficitaire, le pays a enregistré une baisse d'environ 69,29% de sa production entre 2009 et 2014 (Goli, 2015, p.13).

L'étude spécifique du lac artificiel de Kossou dans la sous-préfecture de Béoumi au Centre de la Côte d'Ivoire, située entre 7° 30' 21" et 7°48'Nord et 5° 27' 28"et 7 ° 32'' Ouest reste édifiante (carte 13). L'étude est de B.I. DIOMANDE et al. (2019, p.24 cité par P. SAGNA et al., 2021, p.63). L'arsenal méthodologique utilisé est la statistique et les enquêtes de terrain auprès des pêcheurs professionnels, des revendeurs de poisson et les agents des structures de recherche

(CNRA) et d'encadrement (ANADER). La carte 13 illustre la situation de la sous-préfecture de Béoumi.

Carte 13 : Localisation de la Sous-préfecture de Béoumi

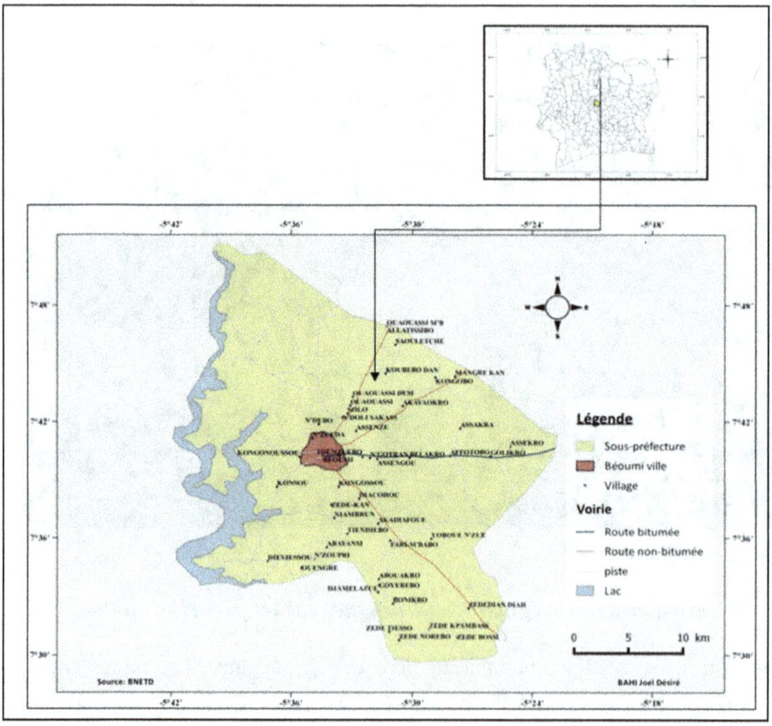

Source : J. BAHI, 2016

Les résultats révèlent que la production de poisson au niveau du lac de Kossou rythme avec les fluctuations saisonnières de la pluviométrie. Même si la pêche locale donne une production importante, elle n'arrive pas à couvrir les besoins des populations à cause du circuit de commercialisation détourné vers des marchés plus rentables comme Bouaké, Yamoussoukro et Abidjan. Toutefois, la variabilité mensuelle de la production halieutique est ressentie sur son évolution interannuelle. Les mêmes auteurs soulignent que la production de poisson a connu une baisse d'environ 72 % de 2009 à 2015 dans cette localité. Selon eux, cette baisse de la production de poisson pourrait s'expliquer en grande partie par les irrégularités des paramètres hydroclimatiques. Le lien entre ces trois variables a été établi à partir de la matrice de corrélation de Pearson (tableau 8).

Tableau 8 : Corrélation entre la production halieutique et les paramètres

hydro-pluviométriques

	Prod. Halieut. (T)	Pluviom. (mm)	Vol. d'eau (m^3)
Prod. Halieut (T)	1	0,67	0,63
Pluviom. (mm)	0,67	1	0,73
Vol. d'eau (m^3)	0,63	0,73	1

Source : P. SAGNA et al, 2021

L'étude a montré que dans l'ensemble, il existe une corrélation significative (supérieure à 0,5) entre la pluviométrie, le volume d'eau et la quantité des prises de poisson dans l'année. En fait, la production halieutique reste fortement liée (67%) à la quantité d'eau du lac. De même, cette dernière est fortement liée à la quantité de pluie qui tombe dans le bassin versant du lac. Ce lien est évalué à 73%. Cette réalité se répercute inéluctablement sur la production halieutique. Mais la valeur du coefficient de corrélation de 0,63 reste relativement élevée. Mais il reste loin de la référence 1. Cela témoigne que d'autres facteurs locaux agissent sur cette production halieutique dans la zone d'étude. Ces facteurs sont à rechercher au plan physique (liés au substratum du lac) et au plan socio-humain. En effet, 44 % des personnes enquêtées ont incriminé les techniques utilisées, le manque de professionnalisme et les matériels obsolètes de pêche.

Conclusion

La Côte d'Ivoire, à l'instar des autres pays de la planète terre, est fortement influencée par le changement climatique qui est une somme d'incessantes variabilités des microclimats, des climats régionaux et zonaux. Les impacts des irrégularités climatiques sont multiformes et s'illustrent différemment. Ces différences se lisent d'une part au niveau de l'environnement physique, social et économique. D'autre part, elles s'observent d'une région ou zone climatique à l'autre.

Au niveau du milieu physique, les grands domaines sensibles sont le couvert végétal, les sols et les ressources en eau. Sur la végétation, la rugosité du climat est d'ordre physique et observable à l'œil nu. Mais elle est également photosynthétique et immatérielle. Les impacts du climat sur les sols se manifestent par différentes formes de dégradation de la surface du sol allant de l'induration au cuirassement et des ablations superficielles aux ravinements profonds. Les agents de ces dégradations du sol sont notamment le rayonnement solaire et les eaux de pluie. Mais sur le littoral, l'agent principal reste l'eau marine. Les régions de Grand-Bassam, Jacqueville, Fresco et San-Pédro en sont une illustration parfaite à travers les côtes érodées par la mer. Le domaine naturel fortement sensible au phénomène est nul doute celui des ressources en eau. Si les eaux souterraines sont encore négligemment affectées par le changement climatique, les eaux de surface quant à elles, en subissent de plein fouet ses effets pervers dans le temps. La Côte d'Ivoire, en dépit d'un patrimoine hydrologique riche à travers les cours et les plans d'eau, est victime de la récession hydroclimatique. Les débits des cours d'eau et les superficies des plans d'eau lagunaires et lacustres sont en nette régression.

Les impacts de l'inconstance climatique ont des déconvenues sur la santé des populations. De nos jours, plusieurs maladies du climat sont en pleine évolution. C'est le cas des maladies infectieuses, respiratoires, visuelles... qui sont en plein essor dans les contrées ivoiriennes. Les irrégularités du climat sont également observables sur le secteur agricole en Côte d'Ivoire. Plusieurs spéculations agricoles pérennes ou annuelles, de rente ou vivrières telles que le cacao, le coton, le riz pluvial, etc. connaissent une irrégularité de leur rendement en partie à cause des effets négatifs de l'instabilité climatique. Mais comment les populations vivant en Côte d'Ivoire répondent au phénomène du changement climatique ?

Chapitre 5 : La Côte d'Ivoire face au défi du malaise climatique

Introduction

La question du changement climatique ne fait plus aucun doute dans les esprits. Même les consciences les plus sceptiques au déclique climatique, sont aujourd'hui unanimes sur la hausse exagérée des températures mondiales. En Côte d'Ivoire, les populations paysannes sont conscientes du bouleversement des calendriers culturaux. En somme, le naturel est en train de reculer. Il est même en voie de disparition au profit d'un ordre nouveau ; celui de la *"de-raison naturelle"* et de la *"de-raison climatique"* Elle se caractérise par un désordre climatique qui se manifeste par des situations météorologiques parfois extrêmes avec des conséquences souvent drastiques à la surface de la terre et notamment sur la biosphère.

L'homme doit pourtant survivre quelle que soit la situation qui se présente face à lui. Les populations sont donc confrontées à ce dilemme profond entre le bien-être social qui passerait par le développement économique et le bien-être physique qui est lié au respect environnemental. Mais la société marchande avec la monétarisation de l'économie de nos jours semble obliger l'humanité à opter pour le développement économique (le bien-être social). Cela passe par des actions négatives de l'homme sur son environnent naturel ; d'où la rugosité climatique observée ces dernières décennies.

Face à cette situation, les consciences s'émancipent de plus en plus. Elles demandent à revoir nos attitudes face à la nature, notre cadre de vie capable de nous procurer une bonne santé physique. En Côte d'Ivoire, la lutte contre le changement climatique connaît deux grandes catégories d'acteurs. D'une part, il y a les personnes physiques qui agissent de façon individuelle. Le plus souvent, leurs actions de lutte sont une somme de mesures adaptatives généralement sommaires et spontanées face à un phénomène qui leur est transcendant. D'autre part, l'on retrouve des personnes morales comme l'Etat, des institutions nationales ou internationales et des groupements non gouvernementaux, etc. Ces personnes morales prennent parfois des initiatives à grande échelle face au dérèglement climatique. Elles apportent leur appui aux actions adaptatives plus ou moins durables menées par les individus. Parfois, certaines de leurs actions s'attaquent au phénomène climatique en vue de son atténuation.

5.1- Des initiatives agricoles d'adaptation au changement climatique en Côte d'Ivoire

La Côte d'Ivoire, en tant que pays à vocation agricole, tire l'essentiel de ses revenus de la rente foncière. Le secteur agricole est donc de loin, le plus vulnérable aux dérives climatiques. Tout le système cultural est affecté. Le calendrier agricole, les méthodes et techniques culturales, les espaces culturaux et les productions connaissent tous des mesures d'adaptation. Ces actions d'adaptation sont plus observables sur le terrain.

5.1.1-Une réadaptation du calendrier cultural

Le calendrier cultural est l'adaptation que le paysan fait du planning de ses activités dans l'année en fonction des saisons humides et sèches. Il s'agit donc d'un réajustement de la saison végétative qui est le reflet de la phénologie des plantes. Dans l'ensemble, les saisons humides couvrent le calendrier cultural des différentes spéculations pratiquées en Côte d'Ivoire à l'exception des cultures de contre-saison dans le secteur du maraîchage. Mais ce calendrier peut connaître un léger décalage d'une culture à l'autre. Le bouleversement du calendrier agricole est généralement un décalage des mois de semis. Il faut donc pour le paysan, réajuster son calendrier et l'adapter au nouveau mois ou période convenable à la culture. Mais en Côte d'Ivoire, en fonction des zones climatiques, les périodes culturales peuvent légèrement varier. Ainsi, en zone littorale et forestière, les saisons humides ont généralement une légère avance sur celles des zones soudanaises. Cela s'explique par la migration latitudinale de l'équateur météorologique (Front intertropical) au niveau de la Côte d'Ivoire et ses conséquences pluviométriques qui partent du Sud vers le Nord géographique du pays. C'est pourquoi, les premières pluies de saison sont vite observables en début mars en zone littorale et forestière tandis qu'elles surviennent un peu plus tard dans les régions de savanes du Centre et du Nord (tableau 9).

Tableau 9 : Calendrier cultural du riz pluvial de plateau à Gagnoa (1981-2020)

A : Calendrier cultural du riz pluvial de plateau avant la rupture (1981-1996)

Mois / Activité	Jan.	Fév.	Mar.	Avr.	mai	Jui.	Juil.	août	sept	Oct.	Nov.	Déc.
Saison	Sèche		Humide									Sèche
Défrichage	+	+										
Labour		+	+									
Semis			+	+								
Désherbage					+	+						
Récolte								+	+	+	+	

B: Calendrier cultural du riz pluvial de plateau après la rupture (1997-2020)

Mois / Activité	Jan	fév	mar	avr	mai	jui	juil	août	sept	oct	Nov	Déc
Saison	Sèche			Humide							Sèche	
Défrichage	+	+	+									
Labour		+	+									
Semis					+	+						
Désherbage							+					
Récolte								+	+	+	+	

Source : Adapté de D. GUEBO, 2022

Dans la zone climatique de Gagnoa au Centre-ouest de la Côte d'Ivoire, le calendrier cultural du riz pluvial a ainsi connu une modification entre 1981 et 2020, selon D. GUEBO (2022, p.47). Cette modification du calendrier cultural est consécutive aux effets des irrégularités pluviométriques sur la saison végétative dans cette zone. Elle se répercute donc sur l'élaboration du calendrier cultural du riziculteur. En effet, la rupture dans l'évolution de la pluviométrie de la période 1981-2020 a indiqué l'année 1997 comme celle de rupture. Ainsi, le calendrier cultural observé au cours de la période 1981-1996 a subi un léger réajustement sur la période 1997-2020 dans cette zone climatique de Gagnoa. Par exemple, avant la rupture de 1997, le mois de mars intégrait la période humide. Par ailleurs, le mois de novembre était un mois humide (tableau 9 A). Mais après la rupture de 1997 ; soit durant la période 1997-2020, le mois de mars est devenu un mois quasiment sec. Les pluies y sont rares de nos jours à tel enseigne que le riziculteur s'en méfie désormais pour semer. Le mois de novembre, autrefois humide a basculé dans les mois secs. La saison humide a donc connu un raccourcissement au profit des mois secs qui s'allongent sur une année civile (tableau 9 B).

5.1.2-Une réadaptation des méthodes et techniques culturales

Les différentes cultures pratiquées ont chacune des méthodes et techniques adaptées aux irrégularités climatiques. Au niveau de la culture de l'igname par exemple dans les contrées ivoiriennes, plusieurs innovations ont vu le jour quant aux méthodes et techniques. L'igname est une culture exigeante à la fois en matière d'eau et de sol. Elle reste par conséquent sensible aux irrégularités pluviométriques. Pour ce faire, des méthodes et techniques ont été introduites. C'est par exemple le cas de la zone climatique du Centre de la Côte d'Ivoire. Ce sont entre autres techniques l'augmentation de la taille des buttes et le paillage.

L'augmentation de la taille des buttes consiste à donner plus de volume à la butte. Cette technique permet de résoudre la question du déficit d'eau. En effet, plus la butte a du volume, plus elle conserve plus longtemps l'humidité du sol. Du coup, sur un sol pauvre, la plante a une chance d'avoir réuni autour d'elle davantage d'humus du sol (matières organiques et minérales). Le paillage lutte contre l'assèchement de la butte par le rayonnement solaire et par conséquent évite le pourrissement de la bouture d'igname (photo 11).

Photo 10 : Paillage des buttes d'igname dans un champ à OKO au Nord de Bouaké

Source : N. KONE, 2018

5.1.3-Une colonisation de plus en plus remarquée des zones à hydromorphie permanente

Sur les versants, les poches de sécheresses constituent des périodes difficiles pour les agriculteurs. Elles sont des zones où l'humidité du sol voire la réserve d'eau du sol montre un déficit plus accru comparativement aux zones humides ou de bas-fond. Ces dernières ont une grande capacité à conserver sur plusieurs mois de l'année, une quantité minimale d'eau susceptible de couvrir les besoins hydriques de certaines plantes dites hydrophiles. De nos jours, pour pallier le stress hydrique des espèces cultivées, les agriculteurs colonisent ces bas-fonds qui étaient autrefois des zones marginalisées. Certains peuples en Côte d'Ivoire allaient jusqu'à diaboliser les bas-fonds. C'étaient des zones hostiles et non éligibles à la mise en valeur. Mais de nos jours, ils sont de plus en plus convoités et colonisés par les agriculteurs. Ainsi, les bas-fonds sont favorables au maraîchage, certes. Mais ils accueillent également le riz, le maïs, l'arachide, etc. Dans les bas-fonds, l'occupation de l'espace par les cultures obéit à un ordre. En effet, dans les rayons immédiats du talweg, on observe les cultures exigeantes en eau tel que le riz et le maraîcher. Dans les rayons plus reculés du talweg, on retrouve les cultures moins exigeantes en eau (figure 35).

Figure 35 : Colonisation progressive des espaces humides par les activités agricoles

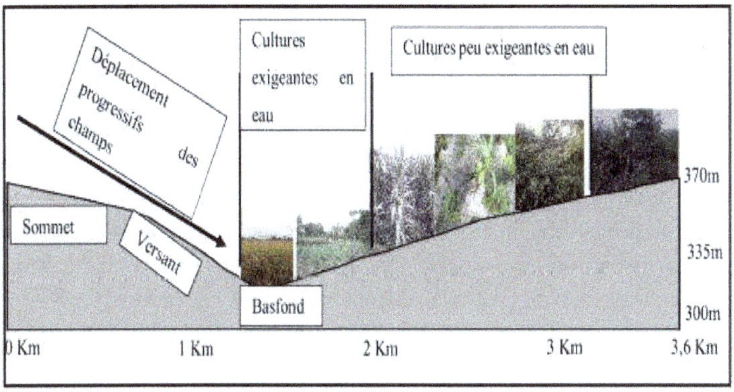

Source : adapté de P. Sagna et al, 2021

5.1.4-Une introduction de nouvelles variétés de cultures

De nouvelles variétés de cultures font leur apparition dans la sphère agricole ivoirienne. Cette innovation est le fait des structures formelles qui viennent en appoint du monde agricole.

Les variétés nouvelles s'observent ainsi au niveau de l'agriculture pérenne que vivrière. En Côte d'Ivoire, deux structures étatiques apportent leur expertise au monde paysan. Il s'agit du Centre National de Recherche Agronomique (CNRA) chargée de la recherche. Il met perpétuellement en place des variétés adaptées aux exigences du climat. Cette structure à travers ses nombreuses stations spécifiques innove dans les cultures et les nouvelles variétés. Par exemple, dans la filière cacaoyère, plusieurs variétés améliorées de cacao ont vu le jour (planche 10A). Elles résistent davantage aux inconditionnalités des climats locaux. De telles initiatives ont été entreprises par le CNRA au niveau des différentes spéculations beaucoup vulgarisées en Côte d'Ivoire. Aussi, au niveau de l'igname, riz, maïs, manioc, etc. plusieurs autres variétés ont-elles vu le jour (planche 10B). Dans l'ensemble, elles visent à s'adapter à la nouvelle donne du climat et à optimiser le rendement.

Par ailleurs, l'ANADER (Agence Nationale d'Appui au Développement Rural), structure d'Etat, apporte son appui et son expertise au monde paysan sur le terrain. L'ANADER assiste les paysans en leur proposant de nouvelles variétés de cultures issues du CNRA (Centre National de Recherche Agronomique) qui peuvent s'adapter à la nouvelle climatique. Elle lutte également pour une production à hauts rendements à l'hectare. Ces nouvelles variétés améliorées de cultures remplacent progressivement les variétés traditionnelles qui montrent de plus en plus leur limite face aux conditions récentes du climat. Ainsi les cultures à cycle long sont progressivement en voie de disparition dans le paysage agricole ivoirien. Cette disparition progressive s'explique par le fait que les saisons humides se raccourcissent au profit des saisons sèches qui s'allongent.

Planche 10 : Variété Mercedes de cacao (A) et Bocou de manioc (B)

Source : N. KONE, 2016

L'ANADER forme également les planteurs aux techniques et vertus agroforestières et à l'utilisation adéquate des produits phytosanitaires pour lutter contre les insectes nuisibles et les maladies destructrices. C'est l'exemple des mirides de cabosses qui agissent négativement sur le rendement et la production comme l'a souligné ALVIM en 1965 à Abidjan lors de la première conférence sur le cacao.

5.2- L'adaptation de l'élevage et des pêcheries continentales au nouveau contexte climatique

Les mesures adaptatives divergent d'un secteur d'activité à l'autre. De l'élevage aux pêcheries continentales, les politiques adaptatives ne sont pas forcément similaires.

5.2.1-L'adaptation de l'élevage bovin au changement climatique en Côte d'Ivoire

L'élevage, notamment de bovin, caprin et ovin en Côte d'Ivoire est fortement soumis aux conditions de la nature. Les troupeaux sont abreuvés dans les points naturels d'eau tels que les cours et les plans d'eau (photo 12). Ils sont alimentés avec des herbes et feuilles de la nature. Ainsi, les inconditionnalités de la nature restent préjudiciables à cette activité importante sur l'échiquier national.

Face à cette situation, plusieurs stratégies d'adaptation ont vu le jour par les acteurs du secteur bovin par exemple. Dans la région de Boundiali au Nord du pays, pour faire face à la nouvelle donne climatique, les éleveurs de bovins ont modifié le système d'alimentation du bétail en utilisant les sous-produits agricoles. Selon T.A. SANOGO (2016, p.78), cette mesure vise à lutter contre l'insuffisance des herbes et feuillage durant la saison sèche.

Photo 11 : Abreuvement d'un troupeau de bovins dans la Bagoé à Somorosso

Source : T.A SANOGO, 2016

Par ailleurs, le système d'élevage a évolué. Il est parti du nomadisme extensif à un système semi-extensif basé sur la transhumance. Selon M. SIDIBE, Chef du campement Flabougoussourouni, « *Autrefois, on se promenait uniquement avec les bêtes. On les faisait paître autour des sources d'eau et cela sur quinze jours maximums avant de migrer totalement vers d'autres zones de pacage. Mais aujourd'hui, les pâturages sont épuisés et nous nous sommes installés dans ce campement pour pratiquer l'agriculture* ». Les raisons de cet épuisement des pâturages évoquées par les éleveurs sont essentiellement liées à la baisse de la pluviométrie et les activités anthropiques intenses (T.A. SANOGO, 2016, p.78).

De part et d'autre des secteurs d'activité pastorale, la conduite du bétail se fait suivant les saisons. Pendant la saison des pluies, les pâturages sont abondants. C'est la période de transhumance à courte échelle. De ce fait, le troupeau sort des enclos entre six (6) et sept (7) heures du matin et revient entre 17 et 18 heures. En revanche, durant la saison sèche, les pâturages qui servaient en saison des pluies n'offrent plus qu'une végétation très sèche. Durant cette saison difficile pour l'élevage, les bouviers de cette contrée géographique optent pour la transhumance à grande échelle. Ils descendent avec les troupeaux dans le Sud du pays où la végétation est encore abondante et clémente. Ils reviennent sur leur base en début de la saison des pluies (figure 36). Ils ne restent sur place que quelques animaux (les vaches laitières ou en gestation, les jeunes veaux, ainsi que les animaux malades ou fatigués). Ceux-ci bénéficient d'une alimentation à base de résidus de récolte comme le tourteau ou graines de coton, le son de maïs, les tiges de mil ou de sorgho, précise l'auteur.

Figure 36 : Itinéraires du bétail dans la zone de Boundiali suivant les saisons

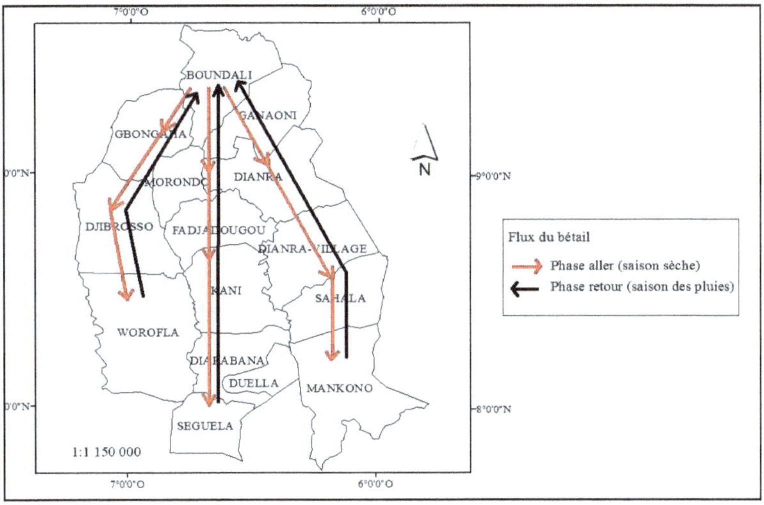

Source . T.A. SANOGO, 2016

Les appuis de l'Etat au secteur de l'élevage pour son épanouissement dans les régions du Centre et du Nord, à travers ses structures formelles comme l'ex-SODEPRA et aujourd'hui l'ANADER, ont surtout été la construction de barrages agro-pastoraux. Mais la majorité de ces infrastructures sont aujourd'hui en ruine par faute d'entretien. D'autres initiatives étatiques sont cependant en vigueur. Dans l'ensemble, elles visent à améliorer la production de viande et de lait. Mais aussi, il vise à trouver des solutions à l'épineux problème de conflits agriculteurs-éleveurs qui, de loin, est un problème d'ordre climatique. En effet, le manque ou l'insuffisance de ressources alimentaires, notamment en saison sèche amène les animaux à violer les limites des champs.

Au Centre du pays, l'élevage souffre des mêmes maux en saison difficile. Par exemple dans la sous-préfecture de Brobo, nous rapporte F. SANGARE (2017, p.71), la structure ANADER a encore initié un nouveau projet pour la bonne conduite de l'élevage bovin en collaboration avec le cabinet vétérinaire de la ville et le Ministère des ressources Animales et Halieutiques. Ce projet se focalise seulement sur l'identification et le suivi régulier de l'élevage. Il est axé sur trois niveaux où une comparaison est faite.

Le niveau 1 concerne essentiellement l'absence d'abri des animaux. De ce fait, les éleveurs sont sensibilisés à recadrer les animaux et à les parquer dans un ranch. Une fois les animaux parqués, la structure apporte aux éleveurs des vitamines, alimentation des bétails, création des points d'eau et les projets de vaccination. Ce niveau 1 pourrait également éviter les conflits entre les éleveurs et les agriculteurs et surtout les vols d'animaux.
Le niveau 2 porte essentiellement sur les questions d'alimentation du bétail. À ce niveau les animaux sont déjà bien encadrés. Donc, il suffit juste des conseils des agents de l'ANADER pour un bon suivi alimentaire des animaux.
Le niveau 3 englobe toutes les questions d'abri, d'alimentation et de suivi réunies pour la bonne conduite de l'élevage bovin. Seulement des conseils des agents de l'ANADER sont nécessaires. Ces conseils pourraient par exemple porter sur la bonne répartition des vaches par taureau dans les ranchs (un taureau pour quatre vaches). Cette dernière mesure vise à améliorer le rendement laitier et la reproduction des animaux.

5.2.2-L'adaptation des pêcheries continentales au changement climatique en Côte d'Ivoire

Les pêcheries continentales sont le secteur de la pêche artisanale sur les eaux continentales (cours et plans d'eau) du pays. La récurrence des irrégularités pluviométriques et la hausse des évaporations des eaux dues à la hausse des températures ont de sérieux impacts sur la production halieutique en Côte d'Ivoire. Cette situation oblige les acteurs de la filière de pêcheries continentales à prendre des mesures. Ces mesures d'adaptation sont multivariées et portent à la fois sur les matériels, les méthodes et techniques de pêche que sur les eaux. Elles sont de deux principaux ordres. Il s'agit d'un ensemble d'initiatives individuelles des pêcheurs auxquels les structures formelles apportent leurs appuis.

5.2.2.1-*Les initiatives individuelles des pêcheurs*

De l'alternance à la reconversion

La pêche, qui autrefois considérée comme une source de revenus et de stabilité économique et sociale, a perdu toute sa notoriété. Les pêcheurs, face à la crise climatique dans ce secteur vont, pour bon nombre, opter pour une alternance et d'autres pour la reconversion totale à une autre activité. En effet, les enquêtes menées par J.D. BAHI (2016, p. 65) lors de son étude sur l'impact du climat sur la production halieutique dans la sous-préfecture de Béoumi, ont révélé que 73 % des pêcheurs ont opté pour l'alternance. Ces derniers associent d'autres activités à la pêche. Il s'agit notamment des activités agricoles comme le maraîchage ou l'anacardeculture. Autour du lac de Kossou dans le Centre de la Côte d'Ivoire, ce sont environ 27 % des pêcheurs qui se sont reconvertis entièrement à une autre activité. Mais la majeure partie d'entre eux, d'origine étrangère, reste fidèle à l'activité de pêche, affirme l'auteur.

L'amélioration des moyens logistiques et techniques de pêche

Sur l'ensemble du territoire ivoirien et principalement sur le lac de Kossou, le plus grand lac de pêcherie du pays, l'activité utilise des moyens sommaires et obsolètes. En effet, les populations non professionnelles utilisent les filets-hameçon, les filets "va-et-vient" et même des cannes à pêche pour les pêcheurs de loisir. Quant aux pêcheurs professionnels bozos, ils utilisent des bambous de chine, des Nasses et des "popolos" comme instruments de pêche. Mais les filets à mailles restent le moyen standard utilisé pour la pêche sur le lac de Kossou (photo 13). Pour les populations de pêcheurs, les filets à petites mailles favorisent des prises élevées (J. D. BAHI, 2016, p. 65).

Source : J.D. BAHI, 2016

Tous ces pêcheurs professionnels utilisent de nos jours la pirogue traditionnelle pour aller en eau profonde (photo 14). Elle représente pour eux le moyen privilégié de navigation comme l'a signifié M. KOUASSI Gilbert, pêcheur à Konsou (J. D. BAHI, 2016, p. 65). Elle est généralement équipée d'un moteur qui facilite son déplacement et son pilotage. Les pirogues motorisées ont une prise journalière élevée. Cela permet de rentabiliser la production halieutique. En effet, les volumes des eaux ont profondément diminué. Les superficies des eaux sont beaucoup réduites en raison des facteurs climatiques difficiles mentionnés plus haut. Les poissons se camouflent ainsi dans des recoins ou des trous du lac. La grande mobilité du pêcheur tant en eau profonde que partout à la surface de l'étendue du lac lui offre par conséquent plus de chance de maximiser ses prises. Ces innovations sont donc à l'actif du pêcheur. Elles lui permettent à la fois de s'adapter aux nouvelles conditions climatiques et de rentabiliser son activité.

Source : BAHI Joël Désiré, Mai 2016

5.2.2.2-L'appui des structures formelles aux pêcheries continentales

Le secteur de la pêche traditionnelle sur les eaux continentales du pays est véritablement en souffrance. Les conditions climatiques y jouent un rôle prépondérant. Les mesures d'adaptation des pêcheurs restent spontanées et non durables dans le temps face au monstre qu'est le changement climatique. C'est pourquoi, l'Etat ivoirien, à travers ses structures tels que le CNRA et l'ANADER, vole au secours des populations de pêche. Le CNRA s'occupe de la recherche pour améliorer la productivité halieutique par l'introduction de nouvelles espèces et l'adaptabilité à la nouvelle donne climatique. Pour ce faire, la structure CNRA intensifie la recherche sur d'autres variétés de poissons à haute capacité de reproduction et rapide dans le temps telles que ces espèces d'eau douce en Afrique (figure 37). Ailleurs, dans la zone de production cacaoyère du Sud par exemple, l'aquaculture paysanne est encouragée par certaines ONG telles que APDRA (Association-Pisciculture et Développement Rural en Afrique), et autres.

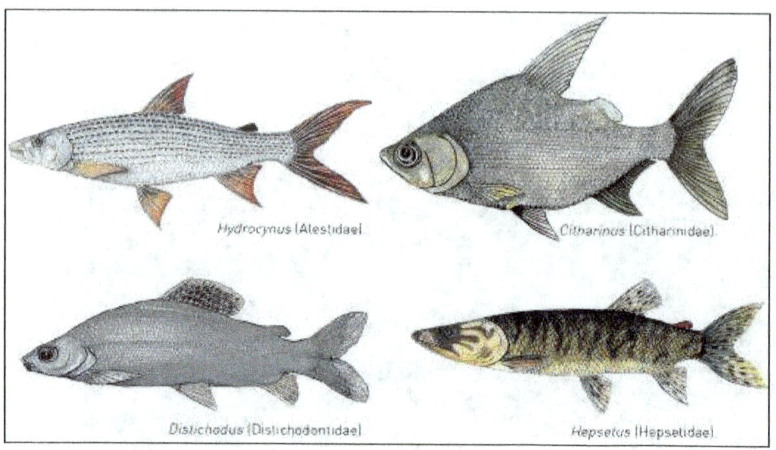

Source : alamyimages.fr

L'ANADER, quant à elle, est une structure d'encadrement et d'assistance aux pêcheurs sur le terrain. Ses actions se résument ici en deux principaux points :

La réorganisation du secteur de la pêche continentale

Face à la baisse de la quantité des prises de poissons, les structures d'encadrement comme le Bureau-Pêche de la Direction Départementale du Ministère de la Production Animales et Halieutiques (DDMPAH) et le service des ressources animales et halieutiques de l'ANADER, ont entamé un vaste programme de réorganisation du secteur. En effet, le ministère en charge de la filière-pêche a organisé les pêcheurs exerçant sur le lac de Kossou en deux grandes coopératives. D'une part, le groupement des pêcheurs bozos et d'autre part le groupement des pêcheurs autochtones (photo 15). Chaque groupement a un responsable qui est le président de la coopérative. Cette organisation permet à ces structures de mieux maîtriser les acteurs, les sensibiliser sur les techniques de pêche et les former afin de renforcer leurs capacités de pêche.

Source : J.D. Bahi, 2016

La formation et contrôle du secteur de la pêche continentale

En vue de professionnaliser ce secteur qui est encore foncièrement artisanal en Côte d'Ivoire, une amélioration de la pêche continentale s'impose pour mieux la rentabiliser.

Professionnaliser le secteur de la pêche continentale passe également par la formation des acteurs et le contrôle de la pêche. Cette initiative est de l'ANADER, la structure d'encadrement étatique. Ces formations vont dans le sens d'une sensibilisation à l'abandon de certaines techniques et méthodes de pêche. C'est le cas de la pêche intensive qui ne donne pas de temps à une forte reproduction des poissons dans la mesure où, ce sont des alevins qui sont pêchés. En effet, toutes ces techniques et méthodes empêchent les poissons de mieux se reproduire. Le contrôle est particulièrement difficile parce que les textes ou les lois qui régissent la pêche dans les eaux continentales datent de la fin des années 1980 et donc ne prennent pas en compte les réalités d'aujourd'hui.

5.3-Des initiatives d'atténuation du changement climatique en Côte d'Ivoire

Le changement climatique a atteint une proportion importante au niveau de la planète. Ces effets sont de plus en plus considérables et se traduisent par des phénomènes météorologiques exagérés comme des sécheresses qui déciment des récoltes et des troupeaux en zones de savane. À l'opposé, il s'agit des inondations et l'érosion côtière qui produisent des bilans mortels et des dégâts matériels importants, notamment en Afrique subsaharienne côtière comme Abidjan. Par ailleurs, ce sont des tempêtes tropicales qui s'accentuent par leur fréquence et leur violence. L'humanité est inquiète et cherche à présent des solutions. Les mesures d'atténuation font partie de ces solutions proposées. L'atténuation du phénomène, à la différence des mesures d'adaptation exige des actions concertées à grande échelle, au niveau international ou même planétaire. En effet, la planète est ici considérée comme un village unique, sans frontière où les émissions de chacun agissent sur tout le monde et les actions de lutte de chacun reste bénéfique à tous.

La Côte d'Ivoire appartient à ce village planétaire qui a connu dans un passé très lointain, des phases de changements climatiques, ceux des climats passés. Des phases de variabilités incessantes actuelles en cours en Côte d'Ivoire comme partout ailleurs, sont déjà des indicateurs potentiels du futur changement climatique qui, nul doute interviendra (vu sous un angle optimiste du climat). Mais, il risque d'être une autre phase de réchauffement encore plus intense (vu d'un angle pessimiste). Cette phase aura donc des conséquences environnementales et socio-économiques plus renforcées. Ainsi, le GIEC (Groupe d'Experts Intergouvernemental sur l'Évolution du Climat), citée par la Banque mondiale -2022), souligne que le changement climatique pourrait faire baisser le PIB du continent africain de 2 à 4 % d'ici 2040 et entre 10 et 25 % en 2100. Pour la Côte d'Ivoire, cela correspondrait à une perte de 380 à 770 milliards de F CFA [580 à 1175 millions d'euros]. Le changement climatique pourrait faire basculer dans l'extrême pauvreté 2 à 6 % de ménages supplémentaires d'ici 2030. Cela correspond à près de 7 millions de personnes vivant avec moins de 1,90 dollar par jour, contre 6 millions aujourd'hui, précise la même source.

Pour ce faire, la Côte d'Ivoire a décidé de s'investir également dans la lutte contre le phénomène. Ainsi les mesures d'atténuation au changement climatique entreprises par ce pays s'observent à divers niveaux :

5.3.1-au niveau politique et diplomatique

La Côte d'Ivoire est membre de l'ONU (Organisation des Nations-Unies). A ce titre, elle adopte, sans opposition aucune, les conclusions des différents accords lors des sommets de la conférence des Parties (COP). À ce titre plusieurs accords ont déjà été ratifiés par la Côte d'Ivoire en faveur de l'environnement et du climat. Par ailleurs au niveau bilatéral ou multilatéral, elle a ratifié plusieurs accords visant à atténuer les effets pervers des changements climatiques. Elle fait partie des membres qui luttent aujourd'hui contre l'avancée du désert à travers le CILSS (Comité Inter-Etats de Lutte contre la Sécheresse dans le Sahel) créé depuis 1973, etc.

La politique intérieure mène également des actions visant l'atténuation des effets du changement climatique. Ainsi, le Gouvernement ivoirien, à travers le Ministère de la Salubrité, de l'Environnement et du Développement Durable (MINSEDD) a engagé des actions majeures dont la création d'un Programme National de lutte contre le Changement Climatique (PNCC, 2012, p.33). Elle vise à mettre en place, à l'horizon 2020, un cadre de développement socio-économique durable qui intègre les défis des changements climatiques dans tous les secteurs en Côte d'Ivoire et qui contribue à améliorer les conditions de vie des populations et leur résilience. La Stratégie Nationale Changement Climatique (SNCC) s'articule prioritairement autour de sept (07) axes stratégiques intégrant les cinq piliers initialement définis à Bali lors de la COP13 en 2007 : la vision partagée, l'adaptation, l'atténuation, le transfert de technologies et le financement, selon la même source sus-mentionnée.

Depuis déjà des décennies, elle a créé plusieurs Parcs et Réserves naturels sur l'étendue du territoire national dont la conservation et l'entretien est assuré par des structures étatiques (OIPR : Office Ivoirien des Parcs et Réserves). Par ailleurs, la SODEFOR (Société de Développement des Forêts) est chargée de multiplier et entretenir le patrimoine forestier ivoirien. Toutes ces initiatives sont à mettre à l'actif de la protection de l'environnement physique en Côte d'Ivoire. La coupe du bois au-dessus du 8è parallèle Nord a été interdite par l'Etat de Côte d'Ivoire.

5.3.2-au niveau scientifique et technologique

De par le monde, la science et la technique sont au cœur de la lutte contre le changement climatique. Elle mène des actions salutaires visant à réduire efficacement les effets du phénomène. A la COP 26 du 31 octobre au 12 novembre 2021, la Côte d'Ivoire s'engage à réduire ses émissions de 30,41% d'ici 2030 à

Glasgow en Ecosse. Cet objectif correspond à un abattement chiffré d'environ 37 millions de tonnes équivalent-CO_2, là où l'ambition de la Côte d'Ivoire dans son premier document CDN, en 2015, affichait un abattement de 9 millions de tonnes équivalent-CO_2, soit une réduction de 28,25 % en 2030 par rapport à un scénario de référence », selon le ministre de l'Environnement et du développement Durable de Côte d'Ivoire. Pour atteindre cet abattement d'environ 37 millions de tonnes équivalent-CO_2, les acteurs et parties prenantes impliquées en Côte d'Ivoire ont identifié des secteurs clés du développement économique. Ce sont l'agriculture, l'élevage, la Forêt et utilisation des terres, les Ressources en eau, la Santé et les Zones côtières (PNCC, 2012, p.37). Si l'objectif est de rendre plus résilients ces secteurs clés de l'économie ivoirienne à travers des mesures d'adaptation et d'atténuation, Selon le ministre, la Côte d'Ivoire va ainsi miser sur des actions concrètes jusqu'en 2030. Ce sont entre autres :

§ l'augmentation du reboisement par la conversion d'un million d'hectares de terres en forêts à l'horizon 2030,

§ l'accroissement des énergies renouvelables dans la production d'électricité pouvant atteindre 45 % du mix énergétique avec le retrait du charbon, le renforcement de l'efficacité énergétique au niveau des sous-secteurs bâtiments, commerces, transports et industries, la promotion de pratiques agricoles intelligentes face au climat, la mise en œuvre de décharges modernes et de centres de valorisation et d'enfouissement technique avec récupération de méthane. Par exemple, des actions de réduction des émissions d'énergies fossiles à travers le renouvellement perpétuel du parc automobile national. En effet, il est admis qu'un vieux véhicule émet neuf (9) fois plus de CO_2 dans l'atmosphère qu'un véhicule neuf. Ainsi en Côte d'Ivoire, partant de ce postulat, l'âge limite des véhicules d'occasions importés dans le pays est fixé à cinq (5) ans. Il s'agit de la modernisation du transport routier (PNCC, 2012, p.37).

L'État de Côte d'Ivoire est accompagné dans cette noble tâche par des associations à caractère non gouvernementale qui font de la sensibilisation des populations par plusieurs actions sur le terrain. Parmi elles, l'on peut citer L'ONG-LA SENTINELLE VERTE, etc.

Sachant que la réduction au changement climatique est également porteuse d'opportunités économiques, la Côte d'Ivoire a opté pour le développement des énergies renouvelables. À ce titre, la Côte d'Ivoire a fait un pas important dans le développement de l'énergie hydraulique par la création et le renforcement des capacités de production des six barrages : Ayamé 1, Ayamé 2, Kossou, Taabo,

Buyo et tout récemment Soubré. Les sources d'énergie nouvelles et renouvelables tels que le solaire, la géothermie, l'éolienne, etc., restent encore en état de latence dans ce pays bien que le potentiel existe.

Conclusion

Plusieurs stratégies sont adoptées pour faire face au changement climatique. Ces stratégies sont généralement de deux ordres. Il s'agit des stratégies d'adaptation et les stratégies d'atténuation. En Côte d'Ivoire, deux grandes catégories d'acteurs s'affirment. On a d'une part les individus qui, face à l'aléas, sont obligés de façon spontanée d'entreprendre des actions immédiates de résilience. Mais ces actions restent éphémères dans le temps. Ces acteurs manquent généralement de réelles capacités à faire face. D'autre part, les organisations formelles à l'instar de l'État, les organismes nationaux, internationaux ou même des associations ou mouvements associatifs apportent, à travers des actions d'envergure et durables aux initiatives spontanées, des renforts plus ou moins importants.

Les mesures d'atténuation du changement climatique rencontrent généralement sur leur terrain d'action, l'État et les structures formelles. Ces actions d'atténuation luttent contre les émissions massives des gaz à effet de serre dans l'atmosphère. Pour ce faire, l'on mène des actions pouvant rationnaliser l'utilisation des énergies fossiles, encourager les mesures citoyennes en faveur de l'environnement et surtout le développement de nouvelles sources qualifiées de propres pour l'environnement.

Conclusion générale

La Côte d'Ivoire, pays situé en Afrique au Sud du Sahara, subit au même titre que les autres pays de la planète terre, le phénomène crucial du changement climatique. Elle a une diversité de climats regroupés en deux principales zones écologiques. Il s'agit de la zone guinéenne et la zone soudanaise. Dans ces deux zones, les climats connaissent plusieurs variantes. Le climat subéquatorial sur les côtes et dans la zone forestière. Dans la zone soudanaise, l'on peut distinguer un climat de type tropical humide ou soudanien. Au Centre, le climat est de type sud-soudanien tandis qu'il est nord-soudanien au-delà du 8è parallèle nord. La distribution des vents, de la pluie et des températures au cours de l'année est fonction des types de climat.

L'atmosphère est le domaine de la manifestation des phénomènes climatiques. Ainsi, elle en définit les conditions et les critères. Il est l'appareil ou le système à diagnostiquer pour prétendre définir le phénomène du changement climatique. Voilà pourquoi, ce dernier est considéré comme une anomalie du fonctionnement de l'appareil atmosphérique. Le changement climatique actuel est une "maladie" contractée par le climat. Notre climat est donc malade de nos jours. En effet, l'effet de serre est un fait naturel. Le climat a toujours changé depuis l'existence de la planète terre. L'effet de serre est donc normal pour la vie de la biosphère sur terre. Il n'est pas à la base du malaise climatique. Cependant, c'est le dysfonctionnement actuel du système atmosphérique qui a engendré un effet de serre renforcé qui est discriminé par la biosphère sur terre. Les causes de ce dysfonctionnement de l'appareil atmosphérique remontent à l'ère du machinisme dans les activités de l'homme. Depuis cette période, l'ordre naturel préétabli a commencé à être bouleversé au niveau de la composition chimique de l'atmosphère. La régulation thermique est déséquilibrée car il y a une augmentation accrue des composants réchauffants au détriment des éléments refroidissants de l'atmosphère. Cette situation anormale a été en grande partie provoquée par l'homme à la recherche permanente de son bien-être social au détriment de son bien-être physique et sanitaire. Il faut donc entendre que le bien-être environnemental implique le bien-être physique et sanitaire.

Les impacts du bouleversement climatique normal sont multiformes et s'observent au niveau de toutes les sphères de la planète terre : *biosphère, lithosphère, hydrosphère, pédosphère*, ... Le bouleversement climatique se manifeste de deux manières. Il se traduit dans un premier temps par des variabilités incessantes à des échelles spatio-temporelles relativement courtes. Dans un second temps, ces variabilités des climats sus-mentionnées de la planète finissent par engendrer un bouleversement macroscopique à l'échelle de la planète. En Côte d'Ivoire, ces variabilités spatio-temporelles ont des impacts nettement visibles sur le milieu naturel et socio-économique. Sur l'étendue du territoire national et selon les zones climatiques, les impacts divergent. Au plan naturel, le couvert végétal connaît une disparition progressive des espèces et sous-espèces due à une désozonisation de plus en plus accélérée qui laisse libre cours à l'abattement de l'ensoleillement primaire sur la diversité végétale, animale et humaine. Les sols s'indurent et finissent par se cuirasser surtout dans les régions de savanes. À l'opposé, dans les zones côtières, notamment urbaines, les inondations s'intensifient et produisent des bilans matériels et humains conséquents. Par ailleurs, le phénomène d'érosion entraine des ablations superficielles et profondes des sols. Sur les côtes, la mer apparaît comme l'agent principal de cette dégradation des sols. Les ressources en eau, notamment de surface, sont un domaine très affecté par les irrégularités climatiques en Côte d'Ivoire. Les cours d'eau ont des débits faibles. Pire, beaucoup d'entre eux, notamment d'ordre inférieur tarissent au même titre que les plans d'eau. Les grandes étendues d'eau voient leur superficie s'eutrophier avec le temps. Toute cette situation n'est pas sans conséquence sur l'environnement socio-économique. La santé des populations devient de plus en précaire avec l'occurrence et l'intensification de plusieurs pathologies liées au climat. Ainsi, dans ce pays, le nombre de cas de maladies infectieuses, respiratoires, visuelles, etc. augmente dans les registres des centres de santé. Les activités à caractère économique comme l'agriculture, l'élevage et les pêcheries continentales rencontrent beaucoup de difficultés d'ordre climatique de nos jours sur l'étendue du territoire national.

La Côte d'Ivoire doit faire face à ce sorcier des temps nouveaux qu'est le changement climatique pour la survie et le bien-être de ses populations. Relever le défi climatique passe par des mesures d'adaptation et d'atténuation. Tandis que les premières sont en ensemble d'actions qui visent à vivre avec le phénomène, les secondes tentent de limiter ses effets pervers. Ainsi plusieurs acteurs, allant des personnes physiques aux personnes morales, se mobilisent en faveur de l'environnement. Elles visent dans l'ensemble à restaurer un climat supportable dans un environnement vivable.

Les perspectives d'une Côte d'Ivoire environnementalement durable passerait par plusieurs solutions. Mais tout compte fait, il importe de doter l'Ivoirien d'une conscience environnementale dans la gestion des ressources naturelles. Ensuite, il faut un État fort pour s'impliquer pleinement dans l'exploitation et la protection des ressources naturelles.

Quelques références bibliographiques

ATLAS DE CÔTE D'IVOIRE, 1979. Abidjan, Ministère du Plan, ORSTOM, Université d'Abidjan,

BROU Yao Télesphore, 2005. Climat, mutations socio-économiques et paysage en Côte d'Ivoire, Lille, Université des sciences et technologies de Lille, 225 p.

BROU Yao Télesphore, 2009. « Impacts des modifications bioclimatiques et de l'amenuisement des terres forestières dans les paysanneries ivoiriennes : Quelles solutions pour une agriculture durable », in *Cuadernos Geogràficos,* vol 2 n° 45, pp13-29.

DACOSTA Honoré., 1992. Genèse et méthode d'analyse des précipitations au Sahel. 13p.

DIOMANDE Béh Ibrahim, DIBI Kangah Pauline Agoh, N'GUESSAN Beau-Séjour Yao, 2016. Variabilité climatique et mutations des méthodes et techniques culturales dans la région de Gbêkê au centre-nord de la Côte d'Ivoire In *Revue de géographie du laboratoire Leïdi,* N°14, pp 144-156, ISSN: 0851 -2515.

DIOMANDE Béh Ibrahim, KOFFI Kan Emile, BELA Alain André, 2015. Climat et cacaoculture dans la zone écologique de Tiébissou au Centre de la Côte d'Ivoire », in *Revue Lettres d'Ivoire,* numéro 021, pp.275-287. ISSN: 1991-8666

DIOMANDE Béh Ibrahim et SANOGO Ténon Adama, 2017. Dynamique climatique et élevage bovin dans la sous-préfecture de Boundiali au nord de la côte d'Ivoire, Acte du 11è édition des journées géographiques de Côte d'Ivoire du 05 au 09 février 2018 à L'Université Félix Houphouët Boigny d'Abidjan.

DIOMANDE Béh Ibrahim et ZO Méglo Alexandre., 2018. Evolution climatique et mutation de l'économie agricole:de l'igname à la tomate dans la sous-préfecture de djébonoua en Côte d'Ivoire, acte du Colloque « Espaces, sociétés et développement en Afrique subsaharienne » du 11 au 13 juin 2018 à l'Université de Lomé

DIOMANDE Béh Ibrahim, KOUAKOU Djè Bernard et COULIBALY Kolotioloma Alama, 2014. Evolution du climat urbain d'Abidjan et ses conséquences socio-économiques, in Population et Développement en Afrique, IPDSR-Dakar, N°3, PP 31-48, ISSN: 0850-0878

DIOMANDE Béh Ibrahim, COULIBALY Kolotioloma Alama et KONE Nawa, 2018. Changement climatique et mutation des systèmes culturaux dans le périmètre communal de Bouaké au Centre de la Côte d'Ivoire, in *Afrique Science* 14(3) (2018) PP1 – 13, ISSN 1813-548X

DIOMANDÉ Béh Ibrahim, KOUASSI Kouakou Serge Landry, KONÉ Nawa, 2020. Impacts de l'évolution des conditions climatiques sur la culture du cacao dans la sous-préfecture de Taï au sud-ouest de la Côte d'Ivoire, BENGEO, N° 28 Décembre 2020, pp-99-213, *ISSN 1840-5800*

DUMOLARD Pierre, DUBUS Nathalie., CHARLEUX Laure, 2003. Les statistiques en Géographie/ cours. Documents. Entraînements, Belin, Paris, 263p.

DUPONT Yves, 2004. Dictionnaire des risques. Armand Colin, France, 421p.

DURAND Bernanrd, 2007. Energie et Environnement / Les risques et les enjeux d'une crise annoncée. EDF sciences, France, 319p.

ESCOUROU Gisèle, 1978. Climatologie pratique. Masson, Paris, 172p.

FELLOUS Jean-Louis, GAUTHIER Cathérine, 2007. Comprendre le changement climatique. Odile Jacob sciences, France, 297p.

FOUCAULT Alain, 1993. Climat. Fayard, France, 328p.

GUYOT Gérard, 1999. Climatologie de l'environnement. DUNOD, Paris, 525p.

GOLI Kouakou Camille, 2015. Les activités de pêche et la gestion de l'environnement dans la sous-préfecture de Béoumi, mémoire de Master de géographie. Université Alassane Ouattara, Côte d'Ivoire, 183p.

GOULA Bi.Tié.Albert, SAVANE Issiaka, KONAN Brou, FADIGA Vamoryba, KOUADIO Béatrice Gnamien, 2016. *Impact de la variabilité climatique sur les ressources hydriques des bassins de N'ZO et N'ZI en Côte d'Ivoire (Afrique tropicale humide).* In science de l'environnement, Montréal, Vertigo, vol 7 n°1, pp1-12

HUFTY André, 2005. Introduction à la Climatologie. Deboeck, Québec, Canada, 542p.

JANCOVICI Jean-Marc, 2002. L'avenir climatique. Quel temps ferons-nous ? Edition du Seuil, 283p.

JOUZEL Jean, 2007. Un diagnostic mieux affirmé in Le climat du XXIè siècle. Les comptes rendus de l'Académie des sciences n°328, pp229-239.

JOUZEL Jean et DEBROISE Antoine, 2007. Le Climat : jeu dangereux. DUNOD, Paris, 220p.

KAMTO Maurice, 1996. Droit de l'Environnement en Afrique. EDICEF/AUPELF, France, 415p.

KOFFI Kan Emile et DIOMANDE Béh Ibrahim, 2015. Stress hydrique sur le lac de Kossou dans un milieu physique en mutation, in ANYASA, Université de Lomé, Laboratoire de Recherche sur la Dynamique des Milieux et des Sociétés, numéro 4, pp.95-110, ISSN : 2312-7031

KÖPPEN Wladimir Peter, 1918. Classification climatique de type empirique. Paris, 324p.

LABEYRIE Jacques, 1985. L'homme et le Climat. Denoël, Paris, 342p.

LEBORGNE Jean,1990. « La dégradation actuelle du climat en Afrique entre Sahara et Equateur ». La dégradation des paysages en Afrique de l'Ouest. (Paris, Minis. De la Coop. Et de dévelop.; presses Univ. De Dakar ; Ed. par J-F Richard): pp.17-36.

LEROUX Marcel, 1975. Alizé ou Mousson ? Climatologie dynamique de l'Afrique. Trav. Et Doc. De Géo. Trop., n°19, CEGET, CNRS, Bordeaux, p.96

LEBOEUF Pierre., MARCHAL Emile., AMON Tchothias Jean-Baptiste, 1993. Environnement et ressources aquatiques de Côte d'Ivoire. Tome I, ORSTOM, 189 p.

MAHE Gil et L'HOTE Yann., 1992. Utilisation de la méthode du vecteur régional pour la description des variations pluviométriques interannuelles en Afrique de l'ouest et centrale. VIIIe journées hydrologiques - Orstom.

MEUNIER Francis, 2005. Domestiquer l'effet de serre/ Energies et développement durable. Denod, Paris, 171p.

PAGNEY Pierre, 1986. Etudes de Climatologie tropicale. Masson, paris, 206 p.

PATUREL Jean-Emmanuel, SERVAT Eric, DELATTRE Marie-Odile., 1998. Analyse de séries pluviométriques de longues durées en Afrique de l'ouest et centrale non sahélienne dans un contexte de variabilité climatique. Journal des Sciences Hydrologiques, 43 (6).

PEDELABORDE Pierre, 1991. Introduction à l'étude scientifique du climat. SEDES, France, 350p.

SAGNA Pascal, 1988. Etude des lignes de grains en Afrique de l'Ouest. Thèse de Doctorat de 3è cycle, Univ. Cheikh Anta Diop, Départ. de Géographie, tome I, 291p.

SAGNA Pascal., 1996. « Situation pluviométrique au Sahel sénégalais ». Rapport technique à 2 ans (Dakar, IFAN, projet Ecossén) : pp.110-121.

SYFIA INTERNATIONAL, 2008. Environnement/ Les bons " plants" des Africains, Publibook, France, 135p.

TABEAUD Martine, 2002. « Synthèse » : la climatologie générale. Armand Colin, Paris, 96p.

VAILLANCOURT Jean-Guy, 1995. " Sauver la planète". Les enjeux sociaux de l'environnement, Ellipses, Paris, 225p.

VEYRET Yvette, 2007. Dictionnaire de l'Environnement. Armand Colin, France, 403p.

VIGNEAU Jean-Pierre., 2007. « Géoclimatologie ». Ellipses, Paris, 334p.

ROOSE Eric, 1975. Erosion et ruissellement en Afrique de l'Ouest. Vingt années de mesures en petites parcelles expérimentale s. Rapp. ORSTOM, Abidjan, 72, p., multigr., 8 fig., 32 tabl., 91 réf

TRAORE Kassoum, 1996. Etat de connaissances sur les pêcheries continentales ivoiriennes, Projet FAO TCP/IVC/4553, Rapport de consultation, European Journal of social sciences studies, p.135